计算机系列教材

谭新良 蔡代纯 曾敏 编著

数据库原理及应用实践教程

清华大学出版社

北京

内 容 简 介

本书是《数据库原理及应用》(黄雪华等编著,清华大学出版社出版)的配套实验教材。全书包括两部分内容:第1部分为 SQL Server 2008 R2 数据库管理系统的管理与维护;第2部分为 Oracle 11g 数据库管理系统的管理与维护。每个部分均包含两章内容:前一章详细介绍所使用的软件的安装;后一章提供了操作详细的 10 个实验,分别是熟悉软件环境、数据库的创建与管理、数据库表的创建与管理、简单查询、连接和嵌套查询、完整性约束、视图操作、索引的创建与管理、存储过程的创建与管理、触发器的创建与管理。

全书体系完整、结构合理、内容翔实、实例丰富,操作过程讲述细致、步骤详细,内容完全符合理论教材,实验选取符合教学所需。

本书可作为高等院校本科、专科计算机及相关专业"数据库原理及应用"课程或相近课程的配套实验教材,也可作为从事数据库管理、开发和维护的工作人员或数据库爱好者的参考书。

图书在版编目(CIP)数据

数据库原理及应用实践教程/谭新良等编著.—北京:清华大学出版社,2018(2020.8重印)
(计算机系列教材)
ISBN 978-7-302-49892-6

Ⅰ.①数… Ⅱ.①谭… Ⅲ.①数据库系统—教材 Ⅳ.①TP311.13

中国版本图书馆 CIP 数据核字(2018)第 052602 号

责任编辑:白立军 常建丽
封面设计:常雪影
责任校对:白 蕾
责任印制:丛怀宇

出版发行:清华大学出版社
    网 址:http://www.tup.com.cn,http://www.wqbook.com
    地 址:北京清华大学学研大厦 A 座   邮 编:100084
    社 总 机:010-62770175   邮 购:010-62786544
    投稿与读者服务:010-62776969,c-service@tup.tsinghua.edu.cn
    质量反馈:010-62772015,zhiliang@tup.tsinghua.edu.cn
    课件下载:http://www.tup.com.cn,010-83470236

印 装 者:北京富博印刷有限公司
经 销:全国新华书店
开 本:185mm×260mm   印 张:16   字 数:364 千字
版 次:2018 年 7 月第 1 版   印 次:2020 年 8 月第 2 次印刷
定 价:39.00 元

产品编号:078818-01

前　言

本书是《数据库原理及应用》（黄雪华等编著，清华大学出版社 2018 年出版）的配套实验教材。书中采用目前实际应用较多的两种数据库管理系统作为实验环境：一种是 SQL Server 2008 R2；另一种是 Oracle 11g。本书能为初学者在学习上带来较大的帮助，也能简化和减轻理论教学老师在有限的实验课中的指导工作。

本书在内容安排上，从教学实际需求出发，与理论教材内容紧密结合，体现循序渐进、重点突出的特点。根据初学者的需求，精心选择有关内容，详细讲解有关知识和操作过程，例题丰富、形式多样，力求为初学者或有关老师提供较大的参考价值。

本书详细介绍了两种不同环境的安装，对所使用的软件的安装过程都介绍得非常详细，图文并茂，读者可按照步骤完成安装。在两种不同的环境下分别构建了"数据库原理及应用"课程中的 10 个实验内容，绝大部分实验内容分别在图形环境下和命令方式下进行讲解。设计的实验完全符合理论教学中的需要，能让学生将理论和实践很好地联系起来。每个实验中适当介绍了在理论教学中不会讲解或讲解不详细的知识，能让学生顺利完成实验。每个实验都有详细的操作过程，并有完整的实验代码，读者只须照做，就能加深对知识的掌握和巩固。每个实验实例较多，能让学生充分掌握所学知识。书中对知识点的讲解非常详细，能加深学生对已学知识或新知识的学习和掌握。

全书共包含以下两大部分内容。

第 1 部分为 SQL Server 2008 R2 数据库管理系统的管理与维护，包含两章内容：第 1 章为 SQL Server 2008 R2 的安装；第 2 章为 10 个相关实验。

第 2 部分为 Oracle 11g 数据库管理系统的管理与维护，包含两章内容：第 3 章为 Oracle 11g 的安装；第 4 章为 10 个相关实验。

书中所有例题都在实际环境中调试通过，许多实例均给出了代码运行后的实验结果。

本书由谭新良、蔡代纯和曾敏编写，由谭新良统稿。

由于作者水平有限，书中难免会有不足之处，恳请读者批评指正。

编　者

2018 年 3 月

目　　录

第 1 部分　SQL Server 2008 R2 数据库管理系统的管理与维护

第 2 部分　Oracle 11g 数据库管理系统的管理与维护

第 1 部分

SQL Server 2008 R2 数据库
管理系统的管理与维护

第 1 章　SQL Server 2008 R2 的安装

SQL Server 2008 R2 的版本分为服务器版和专业版两大类。服务器版包括 Datacenter（x86、x64 和 IA64）、Enterprise（x86、x64 和 IA64）、Standard（x86 和 x64）。专业版包括 SQL Server Developer（x86、x64 和 IA64）、SQL Server Workgroup（x86 和 x64）、SQL Server Web（x86、x64）、SQL Server Express（x86 和 x64）、SQL Server Express with Tools（x86 和 x64）、SQL Server Express with Advanced Services（x86 和 x64）等。不同的版本对系统的安装要求不尽相同。

1.1　安装前的准备

安装 SQL Server 2008 R2 之前，为了防止出现问题，了解一下 SQL Server 2008 R2 的系统安装要求是很有必要的。这些软、硬件要求因用户使用的操作系统而异，与用户添加使用的特定软件组件也有关系。

1.1.1　安装 SQL Server 2008 R2 的软件和硬件要求

根据应用程序的需要，安装要求会有所不同。不同版本的 SQL Server 能够满足单位和个人独特的性能、运行时间以及价格要求。安装哪些 SQL Server 组件还取决于用户的具体需要。安装 SQL Server 2008 R2 的软件和硬件要求如表 1.1 所示。

表 1.1　安装 SQL Server 2008 R2 的软件和硬件要求

组　　件	要　　求
框架	SQL Server 安装程序需要以下软件组件： .NET Framework 3.5 SP1、SQL Server Native Client、SQL Server 安装程序支持文件
软件	SQL Server 安装程序要求使用 Microsoft Windows Installer 4.5 或更高版本
网络软件	SQL Server 2008 R2 64 位版本的网络软件要求与 32 位版本的要求相同，支持的操作系统都具有内置网络软件。独立的命名实例和默认实例支持以下网络协议：Shared memory、Named Pipes、TCP/IP、VIA 注意：故障转移群集不支持 Shared memory 和 VIA，不推荐使用 VIA 协议，后续版本的 Microsoft SQL Server 将删除该功能
Internet 软件	所有的 SQL Server 2008 R2 安装都需要使用 Microsoft Internet Explorer 6 SP1 或更高版本

组　　件	要　　求
处理器类型	x86：Pentium III 兼容处理器或速度更快的处理器； IA64：Itanium 处理器或速度更快的处理器； x64：AMD Opteron、AMD Athlon 64、支持 Intel EM64T 的 Intel Xeon 和支持 EM64T 的 Intel Pentium IV 或速度更快的处理器
处理器速度	x86：最低 1.0GHz,建议 2.0GHz 或更快； IA64：建议 1.0GHz 或更快； x64：最低 1.4GHz,建议 2.0GHz 或更快
内存	IA64、Datacenter、Enterprise、Developer：最小 1GB,建议 4GB 或更多,最大为操作系统最大内存； Standard(x86 和 x64)：最小 1GB,建议 4GB 或更多,最高 64GB； Workgroup(x64)：最小 1GB,建议 4GB,最高 4GB； Workgroup(x86)：最小 1GB,推荐 4GB 或更多,最大：对于数据库引擎,为操作系统最大内存,对于 Reporting Services,为 4GB； Web(x86 和 x64)：最小 1GB,推荐 GB 或更多,最大：对于数据库引擎,为 64GB,对于 Reporting Services,为 4GB； Express with Tools(x64)：最小 512MB,建议 1GB,最大：对于数据库引擎,为 1GB； Express with Advanced Services(x64)：最小 512MB,建议 1GB,最大：对于数据库引擎,为 1GB,对于 Reporting Services,为 4GB； Express(x86),Express with Tools 和 Express with Advanced Services(x86)：最小：对于 SQL Server Express,为 256MB,对于 SQL Server Express with Tools 和 SQL Server Express with Advanced Services,为 512MB,建议 1.024GB,最大：对于随 SQL Server Express、SQL Server Express with Tools 和 SQL Server Express with Advanced Services 一起安装的数据库引擎,为 1GB,对于随 SQL Server Express with Advanced Services 一起安装的 Reporting Services,为 4GB； Express(x64)：最小 256MB,建议 1.024GB,最大：对于数据库引擎,为 1GB
硬盘	磁盘空间要求将随所安装的 SQL Server 2008 R2 组件不同而发生变化。数据库引擎和数据文件、复制以及全文搜索为 711MB,Analysis Services 和数据文件为 345MB,Reporting Services 和报表管理器为 304MB,Integration Services 为 591MB,客户端组件(除联机丛书和 Integration Services 工具外)为 1823MB,SQL Server 联机丛书为 157MB
显示器	SQL Server 2008 R2 图形工具需要使用 VGA 或更高的分辨率：分辨率至少为 1024×768 像素

1.1.2　SQL Server 2008 R2 的组件

SQL Server 2008 R2 的组件包括服务器组件和客户端组件两大类。在运行直接连接到 SQL Server 实例的客户端/服务器应用程序的计算机上,只能安装 SQL Server 客户端组件。如果要在数据库服务器上管理 SQL Server 实例,或者打算开发 SQL Server 应用程序,那么客户端组件安装也是一个不错的选择。SQL Server 2008 R2 组件功能说明见表 1.2。

表 1.2　SQL Server 2008 R2 组件功能说明

	组　件	说　明
服务器组件	SQL Server 数据库引擎	包括数据库引擎(用于存储、处理和保护数据的核心服务)、复制、全文搜索以及用于管理关系数据和 XML 数据的工具
	Analysis Services	包括用于创建和管理联机分析处理(OLAP)以及数据挖掘应用程序的工具
	Reporting Services	包括用于创建、管理和部署表格报表、矩阵报表、图形报表以及自由格式报表的服务器和客户端组件,是一个用于开发报表应用程序的可扩展平台
	Integration Services	是一组图形工具和可编程对象,用于移动、复制和转换数据
管理工具	SQL Server Management Studio	是一个集成环境,用于访问、配置、管理和开发 SQL Server 的组件,它使各种技术水平的开发人员和管理人员都能使用 SQL Server。它的安装需要 Internet Explorer 6 SP1 或更高版本
	SQL Server 配置管理器	SQL Server 配置管理器为 SQL Server 服务、服务器协议、客户端协议和客户端别名提供基本配置管理
	SQL Server Profiler	SQL Server Profiler 提供了一个图形用户界面,用于监视数据库引擎实例或 Analysis Services 实例
	数据库引擎优化顾问	数据库引擎优化顾问可以协助创建索引、索引视图和分区的最佳组合
	Business Intelligence Development Studio	Business Intelligence Development Studio 是 Analysis Services、Reporting Services 和 Integration Services 解决方案的 IDE。它的安装需要 Internet Explorer 6 SP1 或更高版本
	连接组件	安装用于客户端和服务器之间通信的组件,以及用于 DB-Library、ODBC 和 OLE DB 的网络库
文档	SQL Server 联机丛书	SQL Server 的核心文档

1.2　安装过程

前面已介绍了安装所需的软、硬件需求,读者可以根据自己的应用需求和实际的软、硬件环境,选择自己所需的版本进行安装。虽然 SQL Server 2008 R2 有许多不同的版本,但安装过程基本相同。

做好相关准备后,便可正式安装了。本节以安装一个 SQL Server 默认实例为例,具体步骤如下。

(1) 插入 SQL Server 2008 R2 安装光盘,自动运行后出现"SQL Server 安装中心"窗口,如图 1.1 所示。可以单击窗口最上面的"硬件和软件要求",查看安装所需的硬件和软件要求。

(2) 选择界面左侧列表中的"安装"选项,出现"安装"功能窗口,如图 1.2 所示。

(3) 选择最上面的"全新安装或向现有安装添加功能",则会出现"安装程序支持规则"界面,安装程序会对将要安装 SQL Server 的计算机进行扫描,检查无法成功安装 SQL Server 的情况。在安装程序启动 SQL Server 安装向导之前,会检索每个项规则的状态,

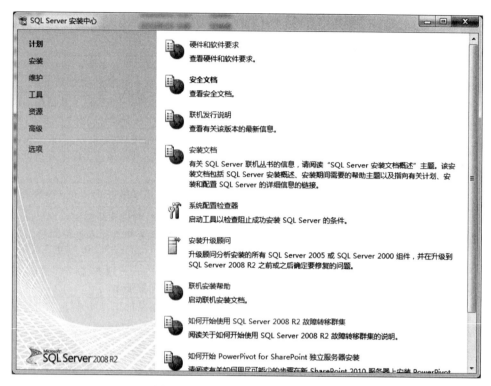

图 1.1 "SQL Server 安装中心"窗口

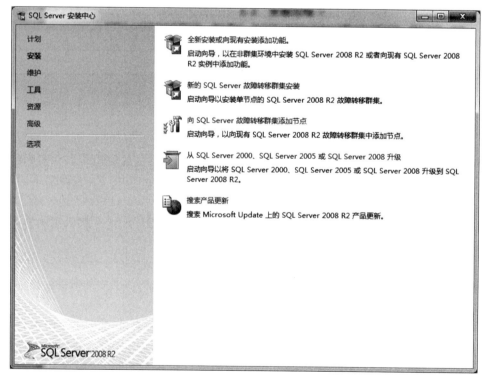

图 1.2 "安装"功能窗口

然后将检索结果与所需条件进行比较,并提供如何排除妨碍性问题的指导。需要保证通过所有条件后,才能进行下面的安装,如图 1.3 所示。

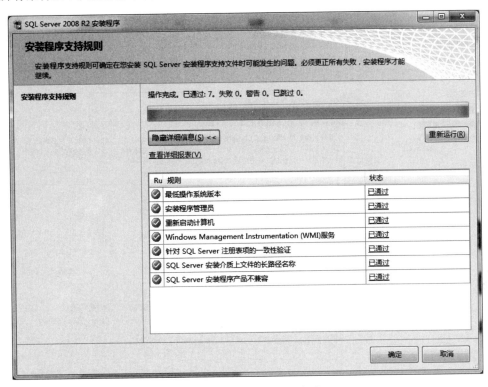

图 1.3 "安装程序支持规则"窗口

(4) 当完成所有检测后,单击"确定"按钮继续安装。在图 1.4 中进行 SQL Server 2008 R2 版本选择和密钥填写。

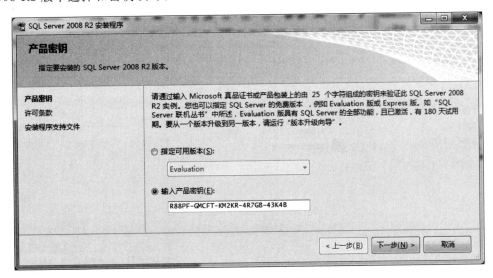

图 1.4 "版本选择和密钥填写"窗口

（5）单击"下一步"按钮，进入"许可条款"窗口。如果不接受许可条款，是无法继续进行下一步安装的，如图 1.5 所示。

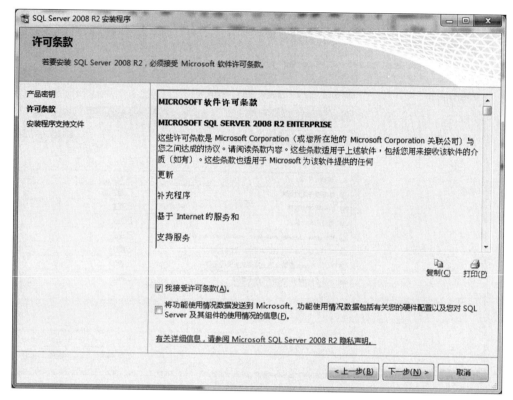

图 1.5 "许可条款"窗口

（6）单击"下一步"按钮，出现"安装程序支持文件"窗口，若要安装或更新 SQL Server 2008 R2，这些文件是必需的，如图 1.6 所示。

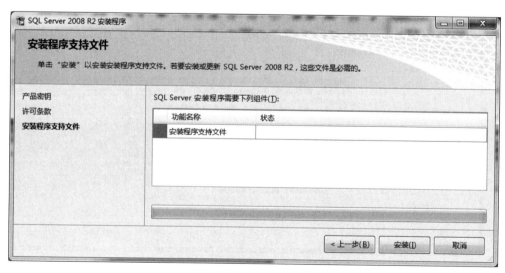

图 1.6 "安装程序支持文件"窗口

（7）单击"安装"按钮，安装程序支持文件完成后会出现"安装程序支持规则"窗口。这个步骤看起来与刚才在准备过程中的步骤一样，都是扫描本机，防止在安装过程中出现异常。但现在并不是重复刚才的步骤，这次扫描的精度更细，扫描的内容也更多。当所有检测都通过之后，才能继续下面的安装。如果出现错误，需要更正所有失败后才能继续安装，如图 1.7 所示。

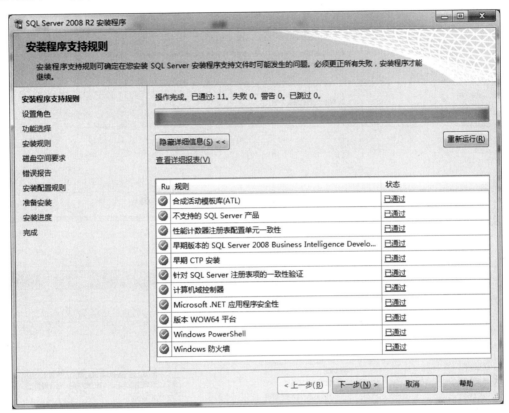

图 1.7　"安装程序支持规则"窗口

（8）单击"下一步"按钮，出现"设置角色"窗口。这个窗口中有 3 个选项可供选择。先选择"SQL Server 功能安装"单选按钮，如图 1.8 所示。

（9）单击"下一步"按钮，出现"功能选择"窗口，如图 1.9 所示。单击"全选"按钮，会发现左边的目录树多了几个项目："安装规则"后面多了"实例配置"，"磁盘空间要求"后面多了"服务器配置""数据库引擎配置""Analysis Services 配置"和"Reporting Services 配置"。如果只作为普通数据引擎使用，可只勾选"数据库引擎服务"和"管理工具-基本"复选框。在此窗口中还可以设置共享功能目录。

（10）单击"下一步"按钮，弹出"安装规则"窗口，安装程序会运行规则再次扫描本机，扫描的内容与上一次又不相同，以确定是否阻止安装过程，如图 1.10 所示。

（11）单击"下一步"按钮，弹出"实例配置"窗口，在该窗口中指定 SQL Server 实例的名称和实例 ID，实例 ID 将成为安装路径的一部分。实例根目录一般可以安装在软件目录下，也可以自定义调整到空间大的硬盘分区内。这里选择默认实例，如图 1.11 所示。

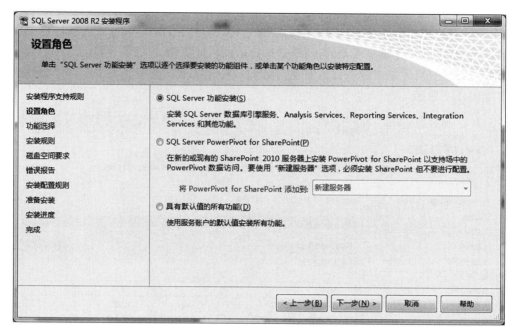

图 1.8 "设置角色"窗口

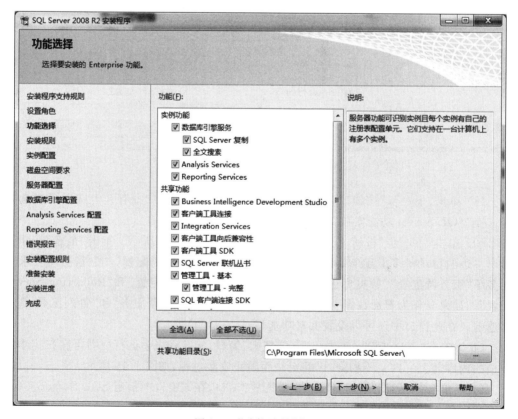

图 1.9 "功能选择"窗口

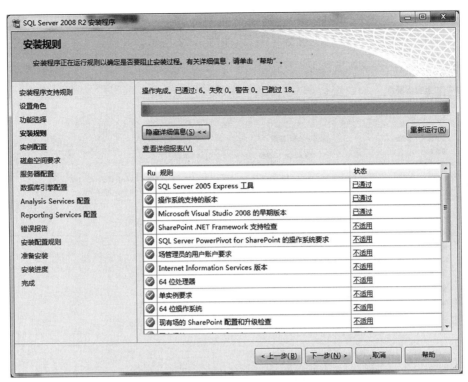

图 1.10　"安装规则"窗口

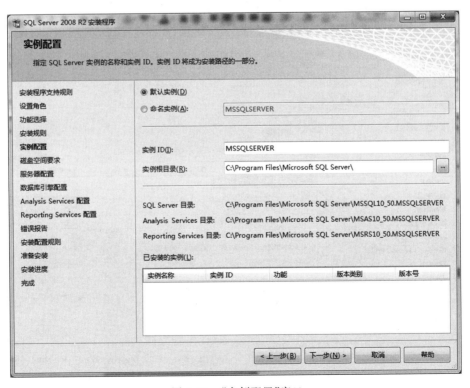

图 1.11　"实例配置"窗口

（12）单击"下一步"按钮，弹出"磁盘空间要求"窗口，在该窗口中可以查看选择的 SQL Server 功能所需的磁盘使用情况摘要，如图 1.12 所示。

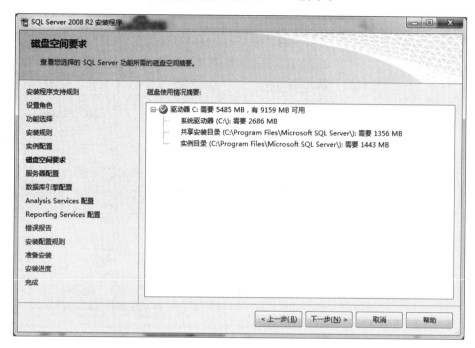

图 1.12　"磁盘空间要求"窗口

（13）单击"下一步"按钮，弹出"服务器配置"窗口，如图 1.13 所示。首先要配置服务

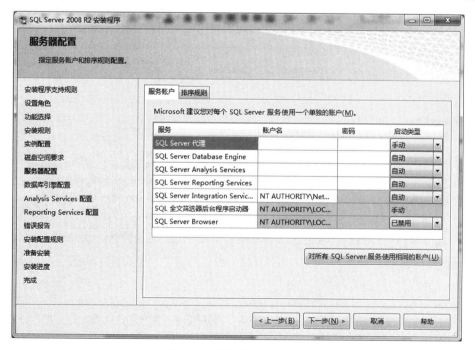

图 1.13　"服务器配置"窗口

器的服务账户,也就是让操作系统用哪个账户启动相应的服务。为了省事,单击"对所有 SQL Server 服务使用相同的账户"按钮,弹出如图 1.14 所示的对话框,为所有 SQL Server 服务账户指定一个用户名和密码。单击"浏览"按钮,选择所用的用户名和密码(必须在操作系统中事先设置好用户名和密码)。也可以选择 NT AUTHORITY\SYSTEM 账户,用最高权限来运行服务。

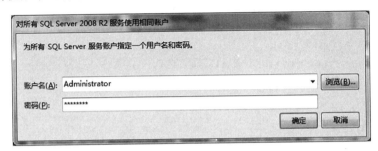

图 1.14 "指定账户名和密码"对话框

(14) 单击"确定"按钮后,再单击"下一步"按钮,如果账户密码与事先在操作系统下设置的密码不一致,则会出现如图 1.15 所示的错误信息提示。在"服务器配置"窗口还可以设置排序规则,默认不区分大小写,可按自己的要求进行调整,除非有一些特殊要求,一般情况不需要修改排序规则,如图 1.16 所示。

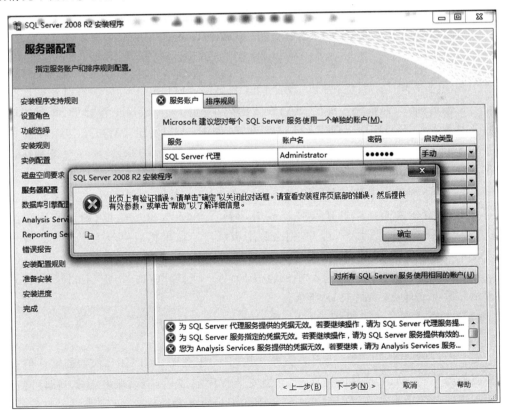

图 1.15 错误信息提示

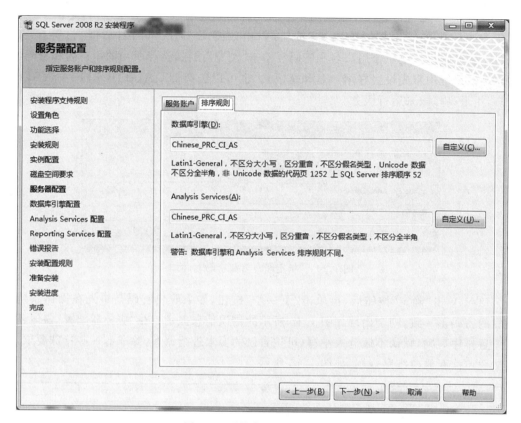

图 1.16 "排序规则设置"窗口

(15) 单击"下一步"按钮,弹出"数据库引擎配置"窗口,在该窗口中可对数据库引擎指定身份验证模式、为系统管理员(SA)设置密码、指定 SQL Server 管理员,同时还可根据需要对数据目录和 FILESTREAM 进行设置,如图 1.17 所示。Windows 身份验证模式是在 SQL Server 中建立与 Windows 用户账户对应的登录账户,这样,在登录 Windows 操作系统之后,登录 SQL Server 就不用再输入用户名和密码了。SQL Server 身份验证模式是在 SQL Server 中建立专门用来登录 SQL Server 的账户和密码,这些账户和密码与 Windows 登录无关。如果在安装过程中选择 Windows 身份验证,则安装程序会为 SQL Server 身份验证创建 SA 账户,但会禁用该账户。如果稍后更改为混合模式身份验证并使用 SA 账户,则必须启用该账户。

(16) 单击"下一步"按钮,进入"Analysis Services 配置"窗口,指定 Analysis Services 管理员和数据文件夹,如图 1.18 所示。

(17) 单击"下一步"按钮,进入"Reporting Services 配置"窗口,指定 Reporting Services 配置模式,如图 1.19 所示。

安装本机模式默认配置:用报表服务器数据库、服务账户和 URL 保留的默认值安装报表服务器实例。如果选择此选项,那么当安装程序完成后,报表服务器实例即可使用。安装程序通过使用本地数据库引擎实例来创建报表服务器数据库,并配置报表服务器,使其使用默认值。

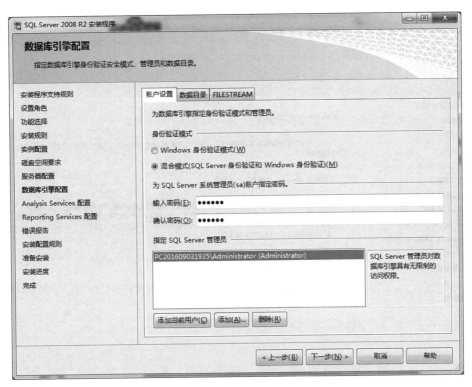

图 1.17　"数据库引擎配置"窗口

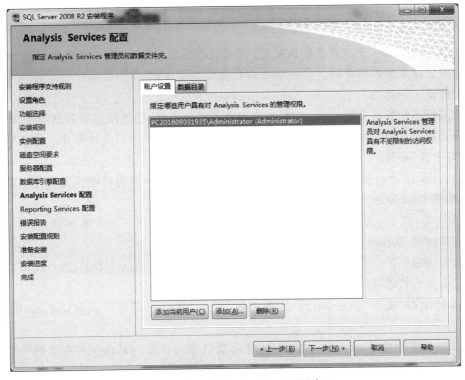

图 1.18　"Analysis Services 配置"窗口

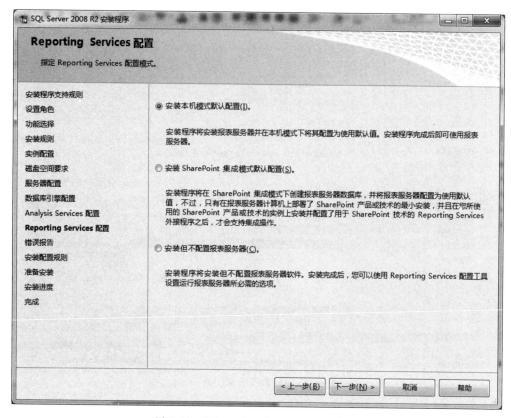

图 1.19 "Reporting Services 配置"窗口

安装 SharePoint 集成模式默认配置：用报表服务器数据库、服务账户和 URL 保留的默认值安装报表服务器实例。报表服务器数据库是以支持 SharePoint 站点的内容存储和寻址的格式创建的。

安装但不配置报表服务器：安装报表服务器程序文件，创建报表服务器服务账户，并注册报表服务器 Windows Management Instrumentation(WMI)提供程序。此安装选项称为"仅文件"安装。

（18）单击"下一步"按钮，进入"错误报告"窗口，可选择是否将错误报告发送给微软公司，如图 1.20 所示。

（19）单击"下一步"按钮，进入"安装配置规则"窗口，再次扫描安装环境，以确定是否阻止安装过程，如图 1.21 所示。

（20）单击"下一步"按钮，进入"准备安装"窗口，该窗口提供了 SQL Server 安装程序要安装或更改的功能的摘要，如图 1.22 所示。

（21）单击"安装"按钮，出现"安装进度"窗口，此时只需等待安装结束，如图 1.23 所示。

（22）安装完成后，出现"完成"窗口，在此窗口中可以看到日志文件存放的位置及文件名。至此，安装大功告成，如图 1.24 所示。

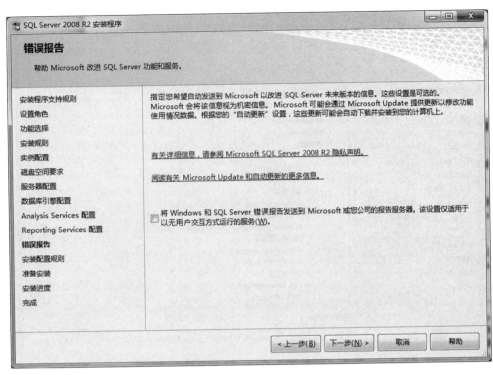

图 1.20 "错误报告"窗口

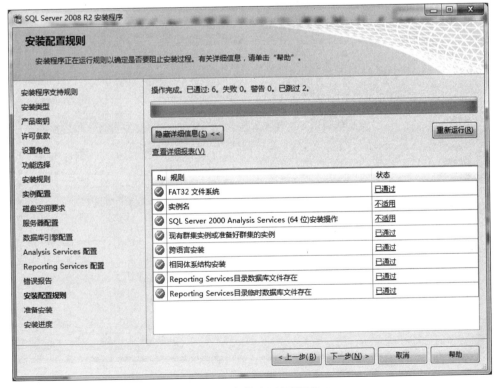

图 1.21 "安装配置规则"窗口

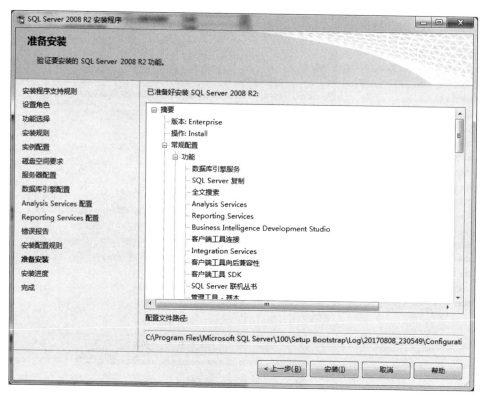

图 1.22 "准备安装"窗口

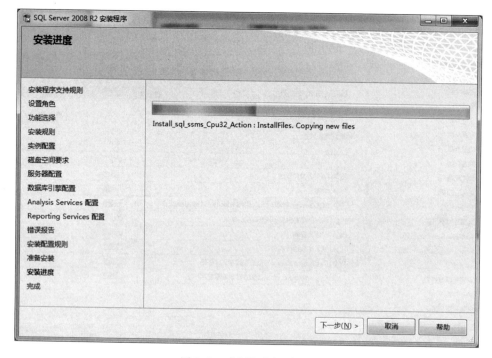

图 1.23 "安装进度"窗口

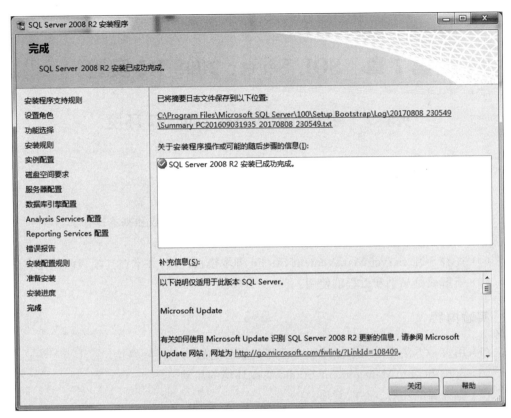

图 1.24 "完成"窗口

第 2 章 SQL Server 2008 R2 实验

实验 1 熟悉 SQL Server 2008 R2 环境

实验目的

(1) 掌握 SQL Server 2008 R2 数据库服务器服务管理的方法。

(2) 掌握 SQL Server Management Studio 集成环境的构成和基本操作。

(3) 掌握服务器的配置和管理。

(4) 查看 SQL Server Management Studio 脚本模板环境,并掌握其模板的使用方法。

(5) 了解联机丛书和教程的使用。

实验内容

(1) 用多种方法实现对数据库服务器相关服务的启动、暂停、停止。

(2) SQL Server Management Studio 集成环境的启动。

(3) 服务器的注册、配置、管理。

(4) 查询分析器、模板资源管理器、联机丛书和教程的使用。

相关知识与过程

1. 数据库服务器服务管理

Microsoft SQL Server 2008 R2 提供了 7 种服务,分别如下。

(1) SQL Server Integration Services,即集成服务。

(2) SQL Full-text Filter Daemon Launcher(MSSQLSERVER),即全文搜索服务。

(3) SQL Server(MSSQLSERVER),即数据库引擎服务。

(4) SQL Server Analysis Services(MSSQLSERVER),即分析服务。

(5) SQL Server Reporting Services(MSSQLSERVER),即报表服务。

(6) SQL Server Browser,即 SQL Server 浏览器服务。

(7) SQL Server 代理(MSSQLSERVER),即 SQL Server 代理服务。

要管理这些服务,可以通过以下方法实现。

1) 利用 Windows Services 管理服务

通过"控制面板"→"管理工具"→"服务",找到相应服务,右击服务名,通过快捷菜单或双击服务名后,通过属性窗口来控制服务状态。

2) 在桌面上右击"计算机",在快捷菜单中选择"管理"命令,弹出"计算机管理"窗口,展开左侧的"服务和应用程序",再展开"SQL Server 配置管理器",选择"SQL Server 服务",出现如图 2.1 所示的窗口。

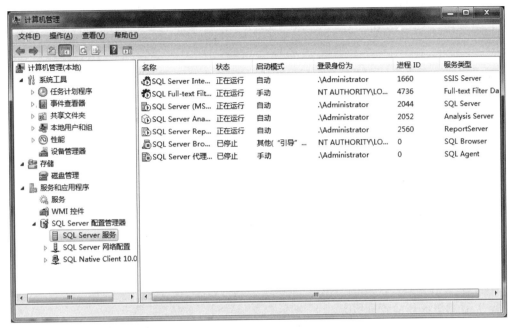

图 2.1　SQL Server 2008 R2 的所有服务

选定某个服务,右击,出现如图 2.2 所示的快捷菜单后,便可以对服务进行相关操作了。也可以通过双击服务名,在出现的"属性"窗口中控制服务状态。

图 2.2　通过快捷菜单控制服务状态

3）利用 SQL Server 配置管理器管理服务

SQL Server 配置管理器是 SQL Server 2008 R2 配置管理的主要工具。通过"开始"→"所有程序"→Microsoft SQL Server 2008 R2→"配置工具"→"SQL Server 配置管理器"，启动 SQL Server 配置管理器，如图 2.3 所示。

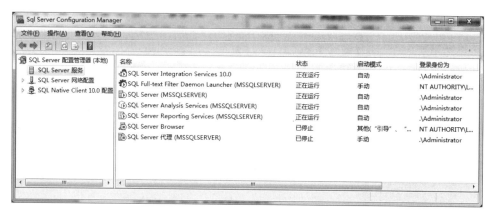

图 2.3   SQL Server 配置管理器

4）通过集成环境管理服务

对于 SQL Server(MSSQLSERVER)和 SQL Server 代理(MSSQLSERVER)两个服务，可以利用 SQL Server Management Studio 对服务进行启动、停止、暂停、重启。方法是：若要对 SQL Server(MSSQLSERVER)进行操作，则打开集成环境后，选定服务器名称，右击，在快捷菜单中便可实现操作。若要对 SQL Server 代理(MSSQLSERVER)进行操作，也只须选定该服务，右击，在快捷菜单中实现操作，如图 2.4 所示。

图 2.4   通过集成环境管理服务

5）利用命令管理服务

通过"开始"→"运行"，出现如图 2.5 所示的对话框。

图 2.5　"运行"对话框

输入 cmd 命令,单击"确定"按钮后出现如图 2.6 所示的命令窗口。

图 2.6　命令窗口

使用 net 命令(分别为 net start、net pause、net continue 和 net stop 加上服务名)管理 SQL Server 数据库服务器相关服务。

【练 1】　启动 SQL Server 默认实例。

```
net start "SQL Server(MSSQLSERVER)"
```

或

```
net start MSSQLSERVER
```

命令方式启动 SQL Server 服务如图 2.7 所示。

图 2.7　命令方式启动 SQL Server 服务

【练 2】　启动命名实例。

```
net start "SQL Server(instancename)"
```

或

```
net start MSSQL$instancename
```

其中的 instancename 要用命名实例名称代替。

【练 3】 暂停 SQL Server 默认实例。

```
net pause "SQL Server(MSSQLSERVER)"
```

【练 4】 恢复暂停的 SQL Server 默认实例。

```
net continue MSSQLSERVER
```

【练 5】 暂停 SQL Server 命名实例。

```
net pause "SQL Server(instancename)"
```

或

```
net pause MSSQL$instancename
```

【练 6】 恢复暂停的 SQL Server 命名实例。

```
net continue "SQL Server(instancename)"
```

或

```
net continue MSSQL$instancename
```

【练 7】 停止 SQL Server 的默认实例。

```
net stop "SQL Server(MSSQLSERVER)"
```

或

```
net stop MSSQLSERVER
```

2. SQL Server Management Studio

SQL Server Management Studio 是一个集成环境,用于访问、配置、管理和开发 SQL Server 的所有组件。SQL Server Management Studio 组合了大量图形工具和丰富的脚本编辑器,使各种技术水平的开发人员和管理员都能访问 SQL Server。利用它,数据库开发人员和管理员可以开发或管理任何数据库引擎组件。

1) 集成环境的启动

通过“开始”→“所有程序”→Microsoft SQL Server 2008 R2→“SQL Server Management Studio”的方式启动,首先需要连接到服务器,如图 2.8 所示。

服务器类型有“数据库引擎”Analysis Services、Reporting Services、SQL Server Compact、Integration Services,一般选择“数据库引擎”,服务器名称可以选择默认的,也可在下拉列表框中选择“浏览更多”,从中查找可用的本地或网络服务器,身份验证有 Windows 身份验证和 SQL Server 身份验证两种。若选择 SQL Server 身份验证,则可用

图 2.8　连接到服务器

SQL Server 安装过程中输入的 SA 密码以 SA 进行登录，单击"连接"按钮，SQL Server Management Studio 连接到指定的服务器，便出现了 SQL Server Management Studio 集成环境，如图 2.9 所示。

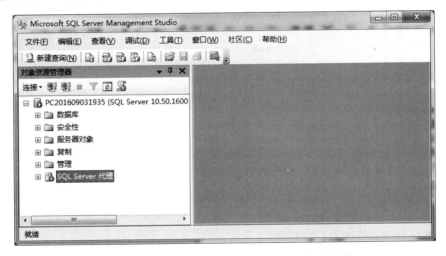

图 2.9　SQL Server Management Studio 集成环境

2）SQL Server Management Studio 集成环境的构成

SQL Server Management Studio 由多个管理和开发工具组成，主要包括菜单栏、工具栏、"已注册的服务器"窗口、"对象资源管理器"窗口、"查询编辑器"窗口、"模板资源管理器"窗口、"解决方案资源管理器"窗口、"属性"窗口等。

（1）菜单栏。

窗口的菜单栏主要包括文件、编辑、查看、调试、工具、窗口、社区、帮助等。每个菜单项都包含一个下拉菜单。下拉菜单中包含许多常用操作。

（2）工具栏。

工具栏将一些常用的操作图形化，提高了用户的操作效率。若要完成某些操作，只要工具栏中有对应的按钮,便可直接单击完成。工具栏会随着操作选择的不同,出现不同的工具栏按钮。选择"查看"菜单下的"工具栏"命令,级联菜单中会出现不同类别的工具栏,如图 2.10 所示。

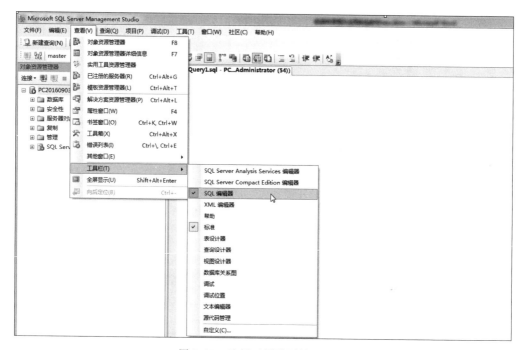

图 2.10　选择不同类别的工具栏

（3）"已注册的服务器"窗口。

"已注册的服务器"窗口可以完成注册服务器和将服务器组合成逻辑组的功能。通过该窗口可以选择数据库引擎服务器、分析服务器、报表服务器、集成服务器等。当选中某个服务器右击时,可以在快捷菜单中选择执行查看服务器属性、启动和停止服务器、新建服务器组、导入/导出服务器信息等操作。

（4）"对象资源管理器"窗口。

"对象资源管理器"窗口位于集成环境的左侧,将所有已连接的数据库服务器及其子对象以树状结构显示在窗口中。"对象资源管理器"窗口可以完成如下操作。

- 注册服务器。
- 启动和停止服务器。
- 配置服务器属性。
- 创建数据库以及创建表、视图、存储过程等数据库对象。
- 生成 T-SQL 对象创建脚本。
- 创建登录账户。
- 管理数据库对象权限。
- 配置和管理复制。
- 监视服务器活动、查看系统日志等。

(5) "查询编辑器" 窗口。

查询编辑器可用于编辑 Transact-SQL、Xquery、MDX、DMX、XMLA 和 SQL Server Compact 3.5 SP1 查询的特定语言代码，具有以下功能。

- 可用于加快 SQL Server 数据库引擎、Analysis Services 和 SQL Server Compact 3.5 SP1 脚本编写速度的模板。模板是包含创建数据库对象所需的语句基本结构的文件。
- 在语法中使用不同的颜色，以提高复杂语句的可读性。
- 用于以拖放方式创建查询的图形查询设计器。
- 以文档窗口中的选项卡形式或在单独的文档中显示查询窗口。
- 在网格或文本窗口中显示查询结果，或将查询结果重定向到一个文件。
- 以单独的选项卡式窗口的形式显示结果网格。
- 以图形方式显示计划信息，该信息显示构成 Transact-SQL 语句的执行计划的逻辑步骤。
- 功能丰富的文本编辑环境，支持查找和替换、大量标注、自定义字体和颜色以及编号。某些类型的编辑器还有其他功能，如大纲显示和自动完成功能。
- 用于使用操作系统命令执行脚本的 SQL CMD 模式。

查询编辑器包含以下窗口。

- 查询编辑器。此窗口用于编写和执行脚本。
- 结果。此窗口用于查看查询结果。此窗口可以在网格或文本中显示结果。
- 消息。此窗口显示脚本运行时由服务器返回的错误、警告和信息性消息。只有再次运行脚本时，消息列表才会发生变化。
- 错误列表。此窗口显示 IntelliSense 功能在数据库引擎查询编辑器中找到的语法和语义错误。当编辑 Transact-SQL 脚本时，错误列表会动态变化。错误列表仅显示数据库引擎查询编辑器中的错误，而不显示其他编辑器中的错误。
- 客户端统计信息。此窗口显示有关划分为不同类别的查询执行的信息。如果从"查询"菜单上选中"包括客户端统计信息"，则执行查询时将显示"客户端统计信息"窗口。连续查询执行中的统计信息会与平均值一起列出。从"查询"菜单上选择"重置客户端统计信息"可重置平均值。

在 SQL Server Management Studio 中单击"新建查询"按钮，就会出现"查询编辑器"窗口，如图 2.11 所示。

(6) "模板资源管理器" 窗口。

模板资源管理器提供了执行常用操作的模板。用户可以在此模板的基础上编写符合自己要求的脚本。可以从模板资源管理器中打开模板。打开模板之后，使用"替换模板参数"对话框将模板参数替换为具体的值。下面的示例将打开"创建数据库"模板。

- 在"查看"菜单上单击"模板资源管理器"。
- 在模板类别列表中展开 Database，然后双击 Create Database，在"查询编辑器"中打开模板。也可以将模板从模板资源管理器拖放到"查询编辑器"窗口中，从而添加模板代码，如图 2.12 所示。

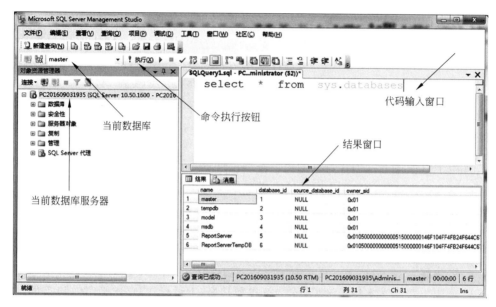

图 2.11 "查询编辑器"窗口

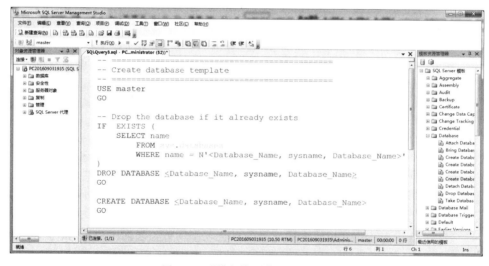

图 2.12 "模板资源管理器"窗口

替换模板参数:

- 在"查询"菜单上单击"指定模板参数的值",会弹出"指定模板参数的值"对话框,如图 2.13 所示。
- 在"指定模板参数的值"对话框中,"值"列包含了参数的建议值。接受该值或将其替换为一个新值,然后单击"确定"按钮,关闭"替换模板参数"对话框,并修改查询编辑器中的脚本。

创建自定义模板:

- 在模板资源管理器中,导航到要将新模板存储到的结点。
- 右击该结点,指向"新建",然后单击"模板"。

图 2.13 "指定模板参数的值"对话框

- 输入新模板的名称,然后按 Enter 键。
- 右击新模板,然后单击"编辑"。在查询编辑器中创建一个脚本。按照 <parameter_name, data_type, value> 格式在脚本中插入参数。数据类型和数据值区域必须存在,但是可以为空。
- 在工具栏上单击"保存"按钮保存新模板。

(7)"解决方案资源管理器"窗口。

解决方案资源管理器提供指定解决方案的树状结构图。解决方案可以包含多个项目,允许同时打开、保存、关闭这些项目。解决方案中的每个项目还可以包含多个不同的文件或其他项(项的类型取决于创建这些项用到的脚本语言)。

(8)"属性"窗口。

"属性"窗口用于说明 SQL Server Management Studio 中的项(如连接或 Showplan 运算符)的状态,以及有关数据库对象(如表、视图和设计器等)的信息,还可以修改对象的有关信息。

以上所有的管理和开发工具窗口,用户可以根据自己的需求打开或关闭。通过菜单栏上的"查看"选项打开相应窗口,在不需要时单击窗口右上方的"×"关闭。这些管理和开发工具窗口的位置也可以根据自己的需要进行调整。

3)注册服务器

对于本地服务器,一般在安装后首次启动集成环境时便可完成自动注册。若要注册别的服务器,可按如下步骤操作。

(1)在"查询"菜单中选择"已注册的服务器"。

(2)在"已注册的服务器"窗口中选择服务器组,右击,从快捷菜单中选择"新建服务器注册",会弹出如图 2.14 所示的对话框。

(3)在"常规"选项卡中选择服务器名称、身份验证方式,若选择 SQL Server 身份验证,则要输入 SQL Server 用户名和密码。在下面的"已注册的服务器名称"和"已注册的服务器说明"文本框中,可以根据自己的需要填写或者取默认值。

(4)在"连接属性"选项卡中,可以设置注册服务器默认连接的数据库、网络协议、网络数据包大小、连接超时值等。

(5)设置完成后,单击"测试"按钮,弹出"连接测试成功"对话框,说明可连接到所选定的服务器,单击"确定"按钮,再单击"保存"按钮,即可完成服务器的注册工作。

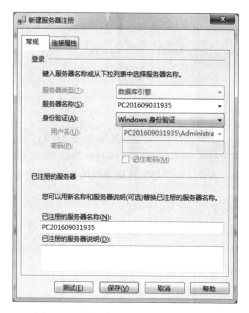

图 2.14　"新建服务器注册"对话框

4）配置服务器

配置服务器选项的过程就是为了充分利用系统资源、设置服务器行为的过程。合理地配置服务器选项,可以加快服务器回应请求的速度、充分利用系统资源、提高工作效率。

（1）在"对象资源管理器"中右击将要设置的服务器名称,在弹出的快捷菜单中选中"属性"命令,打开如图 2.15 所示的"服务器属性"窗口。该对话框包括了 8 个选项页,通过这 8 个选项页可以查看或设置服务器的常用选项值。

图 2.15　"服务器属性"窗口

（2）"常规"选项页。

如图 2.15 所示，弹出"服务器属性"窗口时，默认显示"常规"选项页内容，该选项页列出了当前服务器的产品名称、操作系统名称、平台名称、版本号、使用的语言、当前服务器的最大内存数量、当前服务器的处理器数量、当前 SQL Server 安装的根目录、服务器使用的排序规则以及是否已经集群化等信息。

（3）"内存"选项页。

在该选项页中，可以设置与内存管理有关的选项。可以通过"最小服务器内存（MB）"和"最大服务器内存（MB）"设置服务器可以使用的内存范围。如果希望为索引指定占用的内存，可以通过"创建索引占用的内存"来设置。当"创建索引占用的内存"文本框中的值为 0 时，表示系统动态为索引分配内存。还可以设置查询需要的内存。

（4）"处理器"选项页。

在该选项页中，可以设置与服务器的处理器相关的选项。只有当服务器上安装了多个处理器时，"处理器关联"和"I/O 关联"才有意义。"最大工作线程数"文本框可以用来设置 Microsoft SQL Server 进程的工作线程数。当该值为 0 时，表示由系统动态地分配线程。

（5）"安全性"选项页。

如图 2.16 所示，在该选项页中，可以设置与服务器身份认证模式、登录审核方式、服务器代理账户等与安全性有关的选项。需要特别说明的是，在该选项页中，可以修改系统的身份验证模式。

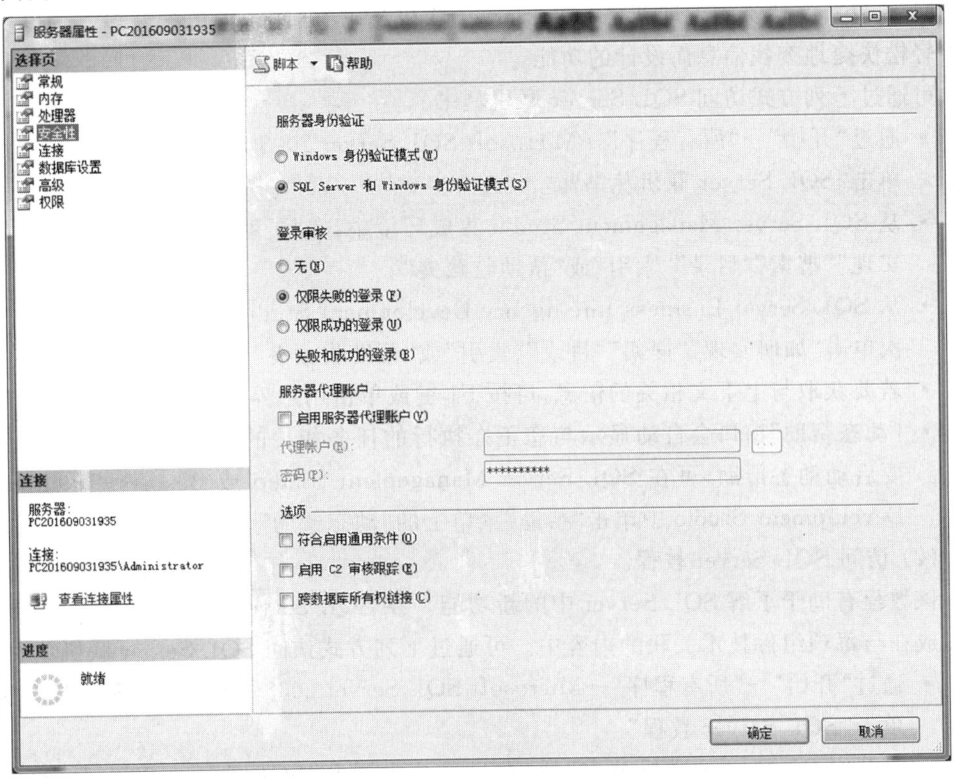

图 2.16　"安全性"选项页

可以通过设置登录审核将用户的登录结果记录在错误日志中。如果选择"无"单选按钮,表示不对登录过程进行审核;如果选择"仅限失败的登录"单选按钮,则表示只记录登录失败的事件;如果选择"仅限成功的登录"单选按钮,则表示在错误日志中只记录成功登录的事件;如果选择"失败和成功的登录"单选按钮,则表示无论是登录失败事件,还是成功事件,都记录在错误日志中,以便对这些登录事件进行跟踪和审核。

(6)"连接"选项页。

在该选项页中,可以设置与连接服务器有关的选项和参数。"最大并发连接数"文本框用于设置当前服务器允许的最大并发连接数量。

(7)"数据库设置"选项页。

在该选项页中,可以设置与创建索引、执行备份和还原等操作有关的选项。

(8)"高级"选项页。

在该选项页中,可以设置有关服务器的并行操作行为、网络行为等选项。

(9)"权限"选项页。

在该选项卡中,可以设置和查看当前 SQL Server 实例中登录名或角色的权限信息。

5)联机丛书和教程

(1)访问 SQL Server 联机丛书。

联机丛书涵盖了有效使用 SQL Server 所需的概念和过程。SQL Server 联机丛书还包括通过 SQL Server 存储、检索、报告和修改数据时使用的语言和编程接口的参考资料。

Microsoft 文档资源管理器是 SQL Server 联机丛书查看器,它包含许多专为在文档集中轻松快捷地查找信息而设计的功能。

可通过下列方式访问 SQL Server 联机丛书。

- 通过"开始"→"所有程序"→Microsoft SQL Server 2008 R2→"文档和教程",然后单击"SQL Server 联机丛书"。
- 从 SQL Server Management Studio 集成环境中,在"帮助"菜单上依次单击"如何实现""搜索""目录""索引"或"帮助收藏夹"。
- 从 SQL Server Business Intelligence Development Studio 中,在"帮助"菜单上依次单击"如何实现""搜索""目录""索引"或"帮助收藏夹"。
- 若要获取与上下文相关的信息,可按 F1 键或单击用户界面对话框中的"帮助"。
- "动态帮助"窗口会自动显示与您正在执行的任务相关的联机丛书主题链接。若要启动动态帮助,可在 SQL Server Management Studio 或 Business Intelligence Development Studio 中单击"帮助"菜单上的"动态帮助"。

(2)访问 SQL Server 教程。

该教程有助于了解 SQL Server 中的新功能。在 SQL Server 联机丛书中,这些教程已集成在与每项组件技术关联的内容中。可通过下列方式访问 SQL Server 联机丛书。

- 通过"开始"→"所有程序"→Microsoft SQL Server 2008 R2→"文档和教程",然后单击"SQL Server 教程"。
- 打开"SQL Server 联机丛书"后,在目录页中展开"SQL Server 2008 R2 联机丛书",再单击"SQL Server 教程",就能看到教程的内容。

实验 2　数据库的创建与管理

实验目的

(1) 理解数据库的基本概念和组成。

(2) 掌握创建、修改、删除数据库的方法。

实验内容

(1) 用集成环境和命令两种方式创建数据库。

(2) 用两种方式修改数据库。

(3) 删除数据库。

(4) 分离和附加数据库。

相关知识与过程

数据库是为特定目的或操作而组织和表示的信息、表和其他对象的集合。SQL Server 2008 R2 将数据库映射为操作系统文件。

1. 数据库文件

数据库在磁盘上是以文件为单位存储的,由数据文件和事务日志文件组成,每个 SQL Server 数据库至少具有两个操作系统文件:一个数据文件和一个日志文件。数据文件包含数据和对象,如表、索引、存储过程和视图等。日志文件包含恢复数据库中的所有事务所需的信息。在默认安装路径 C:\Program Files\Microsoft SQL Server\MSSQL10_50.MSSQLSERVER\MSSQL\DATA 下可以看到数据文件。SQL Server 数据库的文件类型见表 2.1。

表 2.1　SQL Server 数据库的文件类型

文　件	说　　明
主要数据文件	主要数据文件包含数据库的启动信息,并指向数据库中的其他文件。用户数据和对象可存储在此文件中,也可以存储在次要数据文件中。每个数据库有一个主要数据文件。主要数据文件的文件扩展名是 mdf
次要数据文件	次要数据文件是可选的,由用户定义并存储用户数据。通过将每个文件放在不同的磁盘驱动器上,次要文件可用于将数据分散到多个磁盘上。另外,如果数据库超过单个 Windows 文件的最大大小,就可以使用次要数据文件,这样数据库就能继续增长。次要数据文件的文件扩展名是 ndf
事务日志文件	事务日志文件保存用于恢复数据库的日志信息,记录所有事务以及每个事务对数据库所做的修改。事务日志是数据库的关键组成部分。如果系统出现故障,它将成为最新数据的唯一源。每个数据库必须至少有一个日志文件。事务日志文件的文件扩展名是 ldf

为了便于分配和管理,可以将数据文件集合起来,放到文件组中。每个数据库有一个

主要文件组。此文件组包含主要数据文件和未放入其他文件组的所有次要文件。可以创建用户定义的文件组,将数据文件集合起来,以便于管理、数据分配和放置。

例如,可以分别在 3 个磁盘驱动器上创建 3 个文件 Data1.ndf、Data2.ndf 和 Data3.ndf,然后将它们分配给文件组 fgroup1。之后,可以在文件组 fgroup1 上创建一个表。对表中数据的查询将分散到 3 个磁盘上,从而提高性能。SQL Server 2008 R2 包含的文件组见表 2.2。

表 2.2 SQL Server 2008 R2 包含的文件组

文件组	说 明
主要	包含主要文件的文件组。所有系统表都被分配到主要文件组中
用户定义	用户首次创建数据库或以后修改数据库时明确创建的任何文件组
默认	如果在数据库中创建对象时没有指定对象所属的文件组,对象将被分配给默认文件组。只能将一个文件组指定为默认文件组。PRIMARY 文件组是默认文件组,除非使用 ALTER DATABASE 语句进行了更改

2. 创建数据库前的注意事项

在创建数据库之前,应注意下列事项。

(1) 若要创建数据库,必须至少拥有 CREATE DATABASE、CREATE ANY DATABASE 或 ALTER ANY DATABASE 权限。

(2) 在 SQL Server 中,对各个数据库的数据和日志文件设置了某些权限。如果这些文件位于具有打开权限的目录中,那么以上权限可以防止文件被意外篡改。创建数据库的用户将成为该数据库的所有者。

(3) 对于一个 SQL Server 实例,最多可以创建 32 767 个数据库。

(4) 数据库名称必须遵循标识符指定的规则。

(5) model 数据库中的所有用户定义对象都将复制到所有新创建的数据库中。可以向 model 数据库中添加任何对象(如表、视图、存储过程和数据类型),以将这些对象包含到所有新创建的数据库中。

3. 创建数据库

1) 用 SQL Server Management Studio 创建数据库

【练 1】 创建数据库 test01。

操作步骤如下。

(1) 在对象资源管理器中,连接到 SQL Server 数据库引擎实例,然后展开该实例。右击"数据库",出现快捷菜单,如图 2.17 所示。

(2) 单击"新建数据库"命令,出现"新建数据库"窗口,窗口左侧有"常规""选项""文件组"3 个选项页。弹出"新建数据库"窗口时默认显示"常规"选项页,在"数据库名称"后面的文本框中输入 test01,单击下面的"添加"按钮,添加次文件(次文件并非必需),输入逻辑名称 test01_2,单击文件组的下拉按钮,选择"<新文件组>",在弹出的对话框中的名称后边输入新文件组名称 secondary，单击"确定"按钮后，如图 2.18 所示。

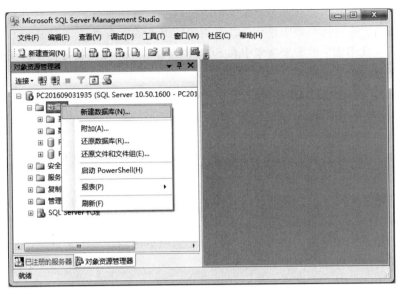

图 2.17 "新建数据库"操作

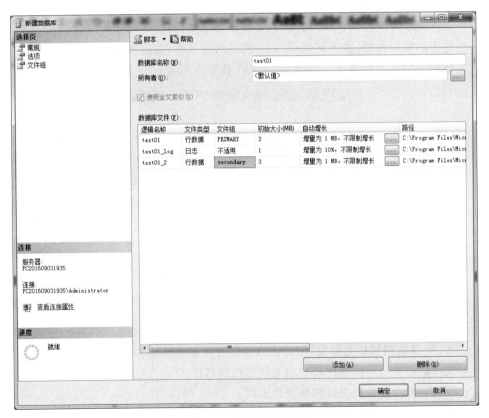

图 2.18 "常规"选项页

此选项页中各选项的功能如下。

- 数据库名称：添加或显示数据库的名称。
- 所有者：通过从列表中进行选择来指定数据库的所有者。
- 使用全文索引：由于全文索引在 SQL Server 2008 R2 中始终处于启用状态，所以该复选框处于选中状态并被禁用。
- 数据库文件：添加、查看、修改或移除相关联数据库的数据库文件。

数据库文件具有以下属性。

- 逻辑名称：输入或修改文件的名称。
- 文件类型：从列表中选择文件类型。文件类型可以为"行数据""日志"，无法修改现有文件的文件类型。
- 文件组：从列表中为文件选择文件组。默认情况下，文件组为 PRIMARY。通过选择"＜新文件组＞"，然后在"新建文件组"对话框中输入有关文件组的信息，可以创建新的文件组。也可以在"文件组"选项页中创建新的文件组，但无法修改现有文件的文件组。
- 初始大小：输入或修改文件的初始大小（MB）。默认情况下，这是 model 数据库的值。数据文件的初始大小为 3MB，日志文件的初始大小为 1MB。
- 自动增长：选择或显示文件的自动增长属性。这些属性控制在达到文件的最大文件大小时文件的扩展方式。若要编辑自动增长值，单击所需文件的自动增长属性旁的编辑按钮，会出现如图 2.19 所示的对话框，然后更改"自动增长设置"对话框中的值。默认情况下，它们是 model 数据库的值。

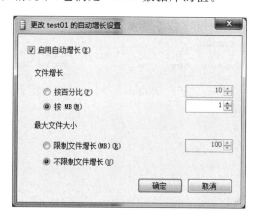

图 2.19 "更改 test01 的自动增长设置"对话框

- 路径：显示所选文件的路径。若要指定新文件的路径，单击文件路径旁的编辑按钮，再导航到目标文件夹，但无法修改现有文件的路径。
- 文件名：显示数据文件和日志文件的物理名称。
- 添加：将次要数据文件添加到数据库。
- 删除：从数据库中删除所选文件。除非文件为空，否则无法移除文件。无法移除主数据文件和日志文件。

（3）单击"新建数据库"窗口左侧的"选项"选项页,可以更改数据库排序规则,设置恢复模式、兼容级别,更改数据其他选项等,如图 2.20 所示。

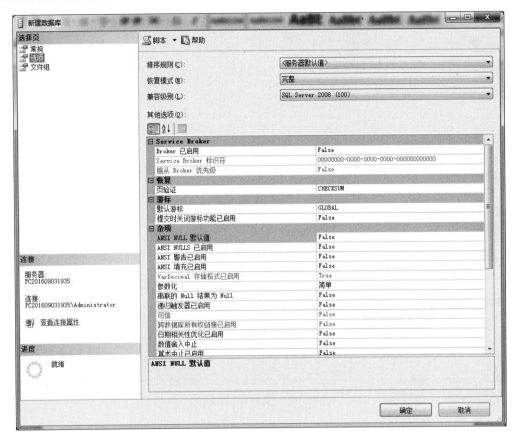

图 2.20 "选项"选项页

（4）单击"新建数据库"窗口左侧的"文件组"选项页,可以添加或删除文件组等,PRIMARY 文件组是不能删除的,如图 2.21 所示。

所有参数设置完成后,单击"确定"按钮,新的数据库就创建成功了。展开对象资源管理器中的数据库项,就可以看到 test01 数据库已经创建成功。

2）用 Transact-SQL 语句创建数据库

建立数据库的命令是 CREATE DATABASE。在 SQL Server 中建立数据库需要指定数据库的名称、由 SQL Server 使用的数据库逻辑名、建立在磁盘上的操作系统文件名,以及数据库规模、文件组和日志等有关信息。常用命令格式如下:

```
CREATE DATABASE database_name
ON
<filespec>[ , <filespec>,… ]
[,FILEGROUP  filegroup_name  <filespec>[ , <filespec>,… ] ]
[LOG ON <filespec>[ , <filespec>,… ] ]
```

其中,各关键字和参数的含义如下。

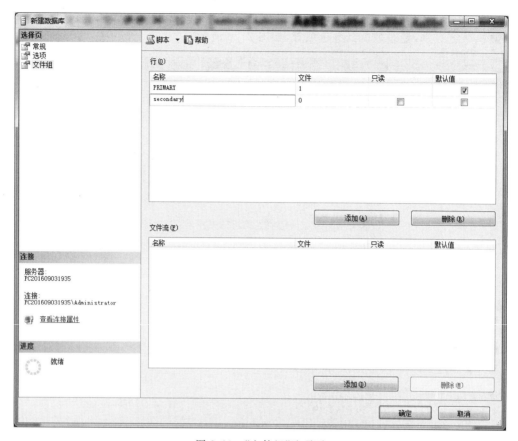

图 2.21　"文件组"选项页

database_name：要建立的数据库的名称。数据库名称必须唯一，并且符合标识符的命名规则。database_name 最多可以包含 128 个字符。

ON：指定用来存储数据库的操作系统文件（存储在磁盘上的数据文件），该关键字后跟以逗号分隔的<filespec>项列表。

<filespec>用于定义对应的操作系统文件的属性，包括：

```
[PRIMARY]
(NAME=logical_file_name,
FILENAME='os_file_name'
[, SIZE=size]
[, MAXSIZE={max_size | UNLIMITED}]
[, FILEGROWTH=growth_increment])
```

其中，各关键字和参数的含义如下。

PRIMARY：为数据库指定主文件。一个数据库只能有一个主文件，如果没有指定 PRIMARY，那么 CREATE DATABASE 语句中列出的第一个文件将成为主文件。

NAME：为定义的操作系统文件指定逻辑名称 logical_file_name，该名称将由 SQL Server 管理和引用。logical_file_name 在数据库中必须唯一，并且符合标识符的命名规则。

FILENAME：指定要建立的操作系统文件名 os_file_name，其中包含完整的路径名和文件名，并且不能指定压缩文件系统中的目录。

SIZE：指定所创建的操作系统文件的大小(size)。size 的单位可以是 KB、MB、GB 或 TB，默认是 MB。

MAXSIZE：指定定义的操作系统文件可以增长到的最大尺寸(max_size)。

UNLIMITED：指定定义的操作系统文件将增长到磁盘满为止。

FILEGROWTH：指定定义的操作系统文件的增长增量，该项设置的结果不能超过 MAXSIZE 设置。

FILEGROUP：用于定义用户文件组，filegroup_name 是组名称，后续的＜filespec＞项列表给出该组的文件描述。利用文件组可以将指定的逻辑组件存储到指定的物理文件(在建立基本表的 CREATE TABLE 命令中有对文件组的引用)。

LOG ON：指定用来存储数据库日志的操作系统文件(日志文件)，该关键字后跟以逗号分隔的＜filespec＞项列表。如果没有指定 LOG ON，将自动创建一个日志文件，该文件使用系统生成的名称，大小为数据库中所有数据文件大小总和的 25%。

【练 2】　创建一个简单的数据库 mytest。

```
CREATE DATABASE mytest
GO
```

在此实例中，没有指定主文件名及日志文件名。默认情况下，主文件名为 mytest.mdf，日志文件名为 mytest_log.ldf。同时，由于是按复制 model(模板数据库)数据库的方式来创建新的数据库，所以主文件和日志文件的大小都同 model 数据库的主文件和日志文件大小一致。由于没定义数据文件和日志文件的最大长度，所以数据文件和日志文件都可以自由增长。

【练 3】　建立一个 test01 数据库，数据主文件的初始大小为 20MB，最大为 100MB，增量为 10MB；日志文件的初始大小为 10MB，最大为 50MB，增量为 10MB。

代码为：

```
CREATE DATABASE test01
ON
(NAME=test01_dat,
FILENAME='c:\mssql\data\test01dat.mdf',
SIZE=20,
MAXSIZE=100,
FILEGROWTH=10)
LOG ON
(NAME=test01_log,
FILENAME='d:\mssql\log\test01log.ldf',
SIZE=10MB,
MAXSIZE=50MB,
FILEGROWTH=10MB)
GO
```

注意：在建立数据库前，为操作系统文件指定的目录路径必须存在。以上命令在 C 盘的\mssql\data\下建立一个 20MB 的文件 test01dat. mdf 作为主数据文件。在 D 盘的 \mssql\log\下建立一个 10MB 的文件 test01log. ldf 作为日志文件。

上面的例子创建了名为 test01 的数据库，因为没有使用关键字 PRIMARY，所以第一个文件将自动成为主文件。SIZE＝20 后面没写单位，默认为 MB。如果指定％，则增量大小为发生增长时文件大小的指定百分比。如果没有指定 FILEGROWTH，则默认值为 10％，最小值为 64KB。在查询分析器里输入上述代码，执行结果如图 2.22 所示。

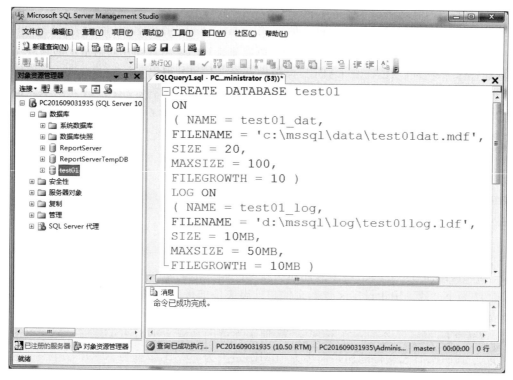

图 2.22　命令方式创建 test01 数据库

【练 4】　创建一个 test02 数据库，数据主文件的初始大小为 20MB，最大为 100MB，增量为 10MB；另外建立一个数据次文件，初始大小也为 20MB，最大为 100MB，增量为 10MB；日志文件的初始大小为 10MB，最大为 50MB，增量为 10％。

```
CREATE DATABASE test02
ON
PRIMARY
(NAME=test02_dat,
FILENAME='c:\mssql\data\test02dat.mdf',
SIZE=20,
MAXSIZE=100,
FILEGROWTH=10),
FILEGROUP secondary
```

```
(NAME=warehouse,
FILENAME='c:\mssql\data\wh.ndf',
SIZE=20,
MAXSIZE=100,
FILEGROWTH=10)
LOG ON
(NAME=test02_log,
FILENAME='d:\mssql\log\test02log.ldf',
SIZE=10MB,
MAXSIZE=50MB,
FILEGROWTH=10%)
GO
```

上面的例子创建了名为 test02 的数据库,使用关键字 PRIMARY 说明 test02_dat 为主文件,另外创建了一个文件组 secondary,该组含有一个次文件 warehouse。

【练 5】 创建一个 test03 数据库,主文件组里有两个数据文件:数据主文件的初始大小为 20MB,最大为 100MB,增量为 15％;另外建立一个数据次文件,初始大小也为 20MB,最大为 100MB,增量为 10％。Group1 文件组里有两个数据文件:一个数据次文件,初始大小为 20MB,最大为 100MB,增量为 10MB;另一个数据次文件,初始大小为 20MB,最大为 200MB,增量为 15MB。Group2 文件组里有两个数据文件:一个数据次文件,初始大小为 20MB,最大为 100MB,增量为 10MB;另一个数据次文件,初始大小为 30MB,最大为 200MB,增量为 20MB。日志文件的初始大小为 10MB,最大为 50MB,增量为 10％。

```
CREATE DATABASE test03
ON
PRIMARY
(NAME=Pri1_dat,
FILENAME='d:\mssql\data\Pri1dat.mdf',
SIZE=20,
MAXSIZE=100,
FILEGROWTH=15%),
(NAME=Pri2_dat,
FILENAME='d:\mssql\data\Pri2.ndf',
SIZE=20,
MAXSIZE=100,
FILEGROWTH=10%),
FILEGROUP Group1
(NAME=GRP1file1_dat,
FILENAME='d:\mssql\data\G1file1.ndf',
SIZE=20,
MAXSIZE=100,
FILEGROWTH=10),
```

```
      (NAME=GRP1file2_dat,
      FILENAME='d:\mssql\data\G1file2.ndf',
      SIZE=20,
      MAXSIZE=200,
      FILEGROWTH=15),
      FILEGROUP  Group2
      (NAME=GRP2file1_dat,
      FILENAME='d:\mssql\data\G2file1.ndf',
      SIZE=20,
      MAXSIZE=100,
      FILEGROWTH=10),
      (NAME=GRP2file2_dat,
      FILENAME='d:\mssql\data\G2file2.ndf',
      SIZE=30,
      MAXSIZE=200,
      FILEGROWTH=20)
      LOG ON
      (NAME=test03_log,
      FILENAME='d:\mssql\log\test03.ldf',
      SIZE=10MB,
      MAXSIZE=50MB,
      FILEGROWTH=10%)
      GO
```

每个 SQL Server 数据库一旦建立,就会自动包含一些系统表,用来记录 SQL Server 组件所需的数据。SQL Server 的操作能否成功,取决于系统表信息的完整性,因此用户不可以直接更新系统表中的信息,不可以为系统表建立触发器。

4. 修改数据库

创建数据库后,在使用中常常会对其原来的设置进行修改。修改包括扩充或减小数据文件和日志文件空间、添加或删除数据文件和日志文件、创建一个文件组、更改默认文件组、更改数据库设置、更改数据库名、更改数据库所有者等内容。

1) 使用 SQL Server Management Studio 修改数据库

操作步骤如下。

(1) 启动 SQL Server Management Studio,在对象资源管理器中,右击要修改的数据库,如 test01,在弹出的快捷菜单中选择"属性"命令,会弹出"数据库属性"窗口,如图 2.23 所示。左侧有 9 个选项页,"常规"选项页中显示的是数据库的基本信息,这些信息是不能修改的。

(2) 打开"文件"选项页,可以修改数据库的逻辑名称、初始大小、自动增长等属性,也可以根据需要添加次文件、日志文件,删除添加的次文件或日志文件,更改数据库的所有者。图 2.24 增加了一个次文件和一个日志文件。

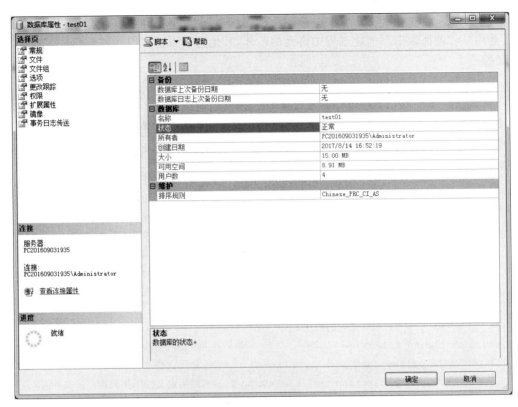

图 2.23 "数据库属性"窗口的"常规"选项页

图 2.24 "文件"选项页

（3）在"文件组"选项页中，可以添加新的文件组、指定数据库的默认文件组等。"选项"选项页和前面数据库创建过程中讲到的一样，其他选项页也可以根据自己的需要进行相关修改。

2）使用 Transact-SQL 语句修改数据库

使用 ALTER DATABASE 语句可以对已创建的数据库进行修改，包括：在数据库中添加次数据文件、日志文件，删除文件，添加文件组，更改文件和文件组的属性（如更改文件的大小、增长方式等），更改数据库名称，更改文件组名称以及数据文件和日志文件的逻辑名称等。常用命令格式如下：

```
ALTER DATABASE database_name          --要修改的数据库名
{  <add_or_modify_files>              --增加或修改数据库文件
  | <add_or_modify_filegroups>        --增加或修改数据库文件组
  | <set_database_options>            --设置数据库选项
  | MODIFY NAME=new_database_name      --数据库重命名
  | COLLATE collation_name            --更改排序规则
}
<add_or_modify_files>子句的语法
<add_or_modify_files>::=              --增加或修改数据库文件语法块
{  ADD FILE <filespec>[ ,…n ]         --添加文件
  [ TO FILEGROUP { filegroup_name | DEFAULT } ]  --将指定文件添加到指定的文件组
  | ADD LOG FILE <filespec>[ ,…n ]    --添加日志文件
  | REMOVE FILE logical_file_name
  | MODIFY FILE <filespec>            --修改文件属性,每次只能修改数据文件的一个属性
}
```

REMOVE FILE logical_file_name：从数据库中删除数据文件，被删除的文件名由 logical_file_name 给出。当删除一个数据文件时，逻辑文件和物理文件全部被删除。只有在文件为空时，才能被删除。

【练6】 在 library 数据库中添加一个数据文件 lb_Data2，放在 E:\data 目录下，并指定其初始大小为 3MB，最大大小不受限制，设置增长为 15%。

```
ALTER  DATABASE  library
ADD  FILE
(NAME='lb_Data2',
FILENAME='E:\data\lb_Data2.ndf',
SIZE=3MB,
MAXSIZE=UNLIMITED,
FILEGROWTH=15%)
GO
```

【练7】 为 library 数据库增加一个名为 secondary 的文件组，并为该文件组添加两个数据文件。数据文件名分别是 lb_Data3 和 lb_Data4，放在 E:\data 目录下，其中 lb_Data3 数据文件的初始大小是 10MB，并且以 2MB 增长，最大大小不受限制；lb_Data4 数

据文件的初始大小是 10MB,以 15%增长,最大大小为 100MB。

```
ALTER  DATABASE  library
ADD  FILEGROUP  secondary
GO
ALTER  DATABASE  library
ADD  FILE
(NAME='lb_Data3',
FILENAME='E:\data\lb_Data3.ndf',
SIZE=10MB,
MAXSIZE=UNLIMITED,
FILEGROWTH=2MB),
(NAME='lb_Data4',
FILENAME='E:\data\lb_Data4.ndf',
SIZE=10MB,
MAXSIZE=100MB,
FILEGROWTH=15%)
TO  FILEGROUP  secondary
GO
```

【练 8】 从数据库中删除数据文件 lb_Data4。

```
ALTER  DATABASE  library
REMOVE  FILE  lb_Data4
GO
```

【练 9】 将数据库 library 中的文件组 secondary 删除。注意,被删除的文件组必须为空,即不包括任何数据文件,如包含数据文件,则先将数据文件删除。

```
ALTER  DATABASE  library
REMOVE  FILE  lb_Data3
GO
ALTER  DATABASE  library
REMOVE FILEGROUP secondary
GO
```

【练 10】 为数据库 library 添加一个日志文件,所添加的日志文件名为 lb_Log1,放在 E:\data 目录下,并且所添的日志文件的初始大小为 5MB,最大大小为 80MB,以 5MB增长。

```
ALTER  DATABASE  library
ADD  LOG  FILE
(NAME='lb_Log1',
FILENAME='E:\data\lb_Log1.ldf',
SIZE=5MB,
MAXSIZE=80MB,
FILEGROWTH=5MB)
```

```
GO
```

【练 11】 删除上例中创建的日志文件 lb_Log1。

```
ALTER  DATABASE  library
REMOVE  FILE  lb_Log1
GO
```

【练 12】 修改数据库 library 的属性。将数据文件 lb_Data2 的初始大小改为 10MB，最大改为 100MB，以 5MB 增长。

```
ALTER  DATABASE  library
MODIFY  FILE
(NAME='lb_Data2',
SIZE=10MB)
GO
ALTER  DATABASE  library
MODIFY  FILE
(NAME='lb_Data2',
MAXSIZE=100MB)
GO
ALTER  DATABASE  library
MODIFY  FILE
(NAME='lb_Data2',
FILEGROWTH=5MB)
GO
```

5. 删除数据库

当不再需要数据库时，或数据库被移到另一个数据库或服务器时，即可删除数据库。数据库删除之后，文件及其数据都从服务器上的磁盘中删除。一旦删除数据库，它将永久被删除，并且不能进行检索，除非使用以前的备份。不能删除系统数据库 msdb、master、model 和 tempdb。

1）使用 SQL Server Management Studio 删除数据库

在对象资源管理器中展开树形目录，定位到要删除的数据库，如 test01，右击该数据库，再选择"删除"命令，出现如图 2.25 所示的窗口，单击"确定"按钮，即可删除所选的数据库。

2）使用 Transact-SQL 语句删除数据库

Transact-SQL 提供了数据库删除语句 DROP　DATABASE。具体格式如下：

```
DROP DATABASE{ database_name } [ ,…n ]
```

database_name：指定要删除的数据库的名称。该命令可以一次删除一个或多个数据库。

【练 13】 删除已创建的数据库 test01。

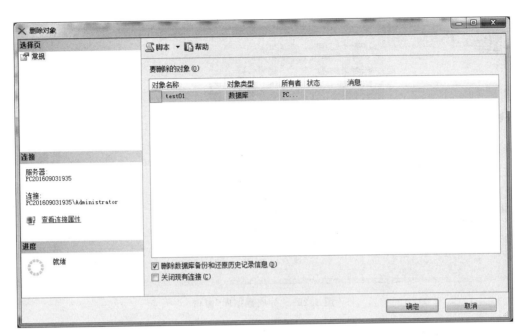

图 2.25 "删除对象"窗口

```
DROP DATABASE test01
```

6. 分离和附加数据库

分离数据库是指将数据库从 SQL Server 实例中删除,但使数据库在其数据文件和事务日志文件中保持不变。之后,就可以使用这些文件将数据库附加到任何 SQL Server 实例,包括分离该数据库的服务器。

1) 分离数据库

分离数据库需要对数据库具有独占访问权限。如果数据库正在使用,则限制为只允许单个用户进行访问,操作方法如下。

- 右击数据库名称,并指向"属性"。
- 在"选择页"窗格中选择"选项"。
- 在"其他选项"窗格中,向下滚动到"状态"选项。
- 选择"限制访问"选项,然后在其下拉列表中选择 SINGLE_USER。
- 单击"确定"按钮。

操作步骤如下。

(1) 在 SQL Server Management Studio 对象资源管理器中,右击相应的数据库,如 test01,在弹出的快捷菜单中选择"任务",再在级联菜单中单击"分离"命令,将出现"分离数据库"窗口,如图 2.26 所示。

(2)"要分离的数据库"网格在"数据库名称"列中显示所选数据库的名称。验证这是否为要分离的数据库。

(3)默认情况下,分离操作将在分离数据库时保留过期的优化统计信息;若要更新现

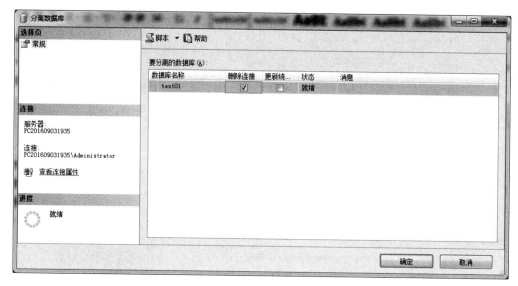

图 2.26 "分离数据库"窗口

有的优化统计信息,选中"更新统计信息"复选框。

(4)"状态"列将显示当前数据库的状态("就绪"或者"未就绪")。

(5)如果状态是"未就绪",则"消息"列将显示有关数据库的超链接信息。当数据库涉及复制时,"消息"列将显示 Database replicated。数据库有一个或多个活动连接时,"消息"列将显示"活动连接数"个活动连接;例如,1 个活动连接。在可以分离数据库之前,必须选中"删除连接"复选框来断开与所有活动连接的连接。

2)附加数据库

可以附加复制的或分离的 SQL Server 数据库。附加数据库时,所有数据文件(MDF文件和 NDF 文件)都必须可用。如果任何数据文件的路径不同于首次创建数据库或上次附加数据库时的路径,则必须指定文件的当前路径。

操作步骤如下。

(1)在 SQL Server Management Studio 对象资源管理器中,右击"数据库",从弹出的快捷菜单中单击"附加"命令,将出现"附加数据库"窗口,如图 2.27 所示。

(2)在"附加数据库"窗口中,若指定要附加的数据库,单击"添加"按钮,然后在"定位数据库文件"窗口中选择数据库所在的磁盘驱动器并展开目录树,以查找并选择数据库的.mdf 文件,如图 2.28 所示。

(3)若要为附加的数据库指定不同的名称,在"附加数据库"窗口的"附加为"列中输入名称。

(4)通过在"所有者"列中选择其他项来更改数据库的所有者。

(5)准备好附加数据库后,单击"确定"按钮。

注意:新附加的数据库在视图刷新后才会显示在对象资源管理器的"数据库"结点中。若要随时刷新视图,可在对象资源管理器中单击"数据库",再选择"视图"菜单中的"刷新"命令。

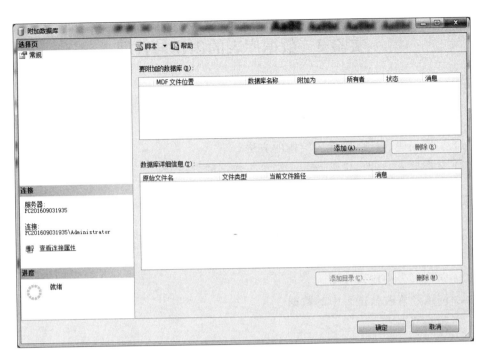

图 2.27 "附加数据库"窗口

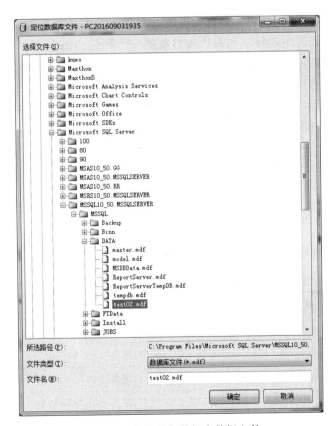

图 2.28 定位附加数据库数据文件

实验 3　数据库表的创建与管理

实验目的

（1）掌握 SQL Server 2008 R2 的系统数据类型。
（2）掌握创建、修改、删除表结构的方法。
（3）掌握插入、修改、更新、删除、浏览表数据的方法。

实验内容

（1）用集成环境和命令两种方式创建数据表。
（2）用两种方式修改数据表结构。
（3）向数据表中输入数据。
（4）浏览和修改数据表中的数据。
（5）删除数据表。

相关知识与过程

在 SQL Server 环境中，表是数据管理的基本单元。大部分 SQL 编程都与表有直接或者间接的关系，而表中的每一列都代表对象的一个特性。每个列、局部变量、表达式和参数都具有一个相关的数据类型。数据类型是一种属性，用于指定对象可保存的数据的类型。

数据类型可以为对象定义 4 个属性。

- 对象包含的数据种类。
- 所存储值占有的空间（字节数）和数值范围。
- 数值的精度（仅适用于数值类型）。
- 数值的小数位数（仅适用于数值类型）。

1. SQL Server 2008 R2 的数据类型

（1）SQL Server 2008 R2 提供的系统数据类型见表 2.3。

表 2.3　SQL Server 2008 R2 提供的系统数据类型

分　　类	数 据 类 型	描　　　　述	字 节 数
字符串	char(n)	固定长度的字符串，最多 8000 个字符	1～8000
	varchar(n)	可变长度的字符串，最多 8000 个字符	1～8000
	varchar(max)	可变长度的字符串，最多 1 073 741 824 个字符	最大 2GB
	text	可变长度的字符串，最多 2GB 字符数据	最大 2GB

续表

分 类	数据类型	描 述	字 节 数
Unicode 字符串	nchar(n)	固定长度的 Unicode 数据,最多 4000 个字符	2～8000
	nvarchar(n)	可变长度的 Unicode 数据,最多 4000 个字符	2～8000
	nvarchar(max)	可变长度的 Unicode 数据,最多 536 870 912 个字符	最大 2GB
	ntext	可变长度的 Unicode 数据,最多 2GB 字符数据	最大 2GB
二进制型	binary(n)	固定长度的二进制数据,最多 8000B	1～8000
	varbinary(n)	可变长度的二进制数据,最多 8000B	1～8000
	varbinary(max)	可变长度的二进制数据,最多 2GB	最大 2GB
	image	可变长度的二进制数据,最多 2GB	最大 2GB
精确数字型	bit	允许为 0、1 或 NULL。字符串值 TRUE 和 FALSE 可以转换为以下比特值:TRUE 转换为 1,FALSE 转换为 0	与实际数据列数有关
	tinyint	允许 0～255 的所有数字	1
	smallint	允许 $-32\,768$～$32\,767$ 的所有数字	2
	int	允许 -2^{31}～2^{31} 的所有数字	4
	bigint	允许 -2^{63}～2^{63} 的所有数字	8
	decimal(p,s)	固定精度和比例的数字。允许 $-10^{38}+1$～$10^{38}-1$ 的数字。p 参数指示可以存储的最大位数(小数点左侧和右侧)。p 必须是 1～38 的值,默认是 18。s 参数指示小数点右侧存储的最大位数。s 必须是 0～p 的值,默认是 0	5～17
	numeric(p,s)	固定精度和比例的数字。允许 $-10^{38}+1$～$10^{38}-1$ 之间的数字。p 参数指示可以存储的最大位数(小数点左侧和右侧)。p 必须是 1～38 的值,默认是 18。s 参数指示小数点右侧存储的最大位数。s 必须是 0～p 的值,默认是 0	5～17
	smallmoney	介于 $-214\,748.3648$～$214\,748.3647$ 的货币数据	4
	money	介于 $-922\,337\,203\,685\,477.5808$～ $922\,337\,203\,685\,477.5807$ 的货币数据	8
近似数字型	float(n)	$-1.79E+308$～$1.79E+308$ 的浮动精度数字数据。参数 n 指示该字段是保存 4B,还是 8B。float(24) 保存 4B,而 float(53) 保存 8B。n 的默认值是 53	4 或 8
	real	$-3.40E+38$～$3.40E+38$ 的浮动精度数字数据	4

续表

分　类	数 据 类 型	描　　　述	字 节 数
日期时间型	datetime	1753 年 1 月 1 日～9999 年 12 月 31 日,精度为 3.33ms	8
	datetime2	1753 年 1 月 1 日～9999 年 12 月 31 日,精度为 100ns	6～8
	smalldatetime	1900 年 1 月 1 日～2079 年 6 月 6 日,精度为 1min	4
	date	仅存储日期,0001 年 1 月 1 日～9999 年 12 月 31 日	3
	time	仅存储时间,精度为 100ns	3～5
	datetimeoffset	与 datetime2 相同,外加时区偏移	8～10

SQL Server 2008 R2 还提供了 6 种特殊数据类型,包括 sql_variant、timestamp、cursor、table、uniqueidentifier 与 xml。timestamp 用于表示 SQL Server 活动的先后顺序,以二进制投影的格式表示。timestamp 数据与插入数据或者日期和时间没有关系。uniqueidentifier 由 16B 的十六进制数字组成,用来表示一个全局唯一的值。当表的记录行要求唯一时,GUID(存储全局标识符)非常有用。特殊数据类型见表 2.4。

表 2.4　特殊数据类型

特殊数据类型	描　　　述
sql_variant	最多存储 8000B 不同数据类型的数据,除了 text、ntext 以及 timestamp
uniqueidentifier	存储全局标识符(GUID)
timestamp	存储唯一的数字,每当创建或修改某行时,该数字会更新。timestamp 基于内部时钟,不对应真实时间。每个表只能有一个 timestamp 变量
xml	存储 XML 格式化数据,最多 2GB
cursor	存储对用于数据库操作的指针的引用
table	存储结果集,供稍后处理

(2)用户自定义数据类型。

SQL Server 2008 R2 提供的系统数据类型不能完全满足需求时,用户可以根据自己的要求自定义数据类型。用户自定义数据类型是系统定义数据类型或.NET 程序集中方法定义的复杂数据类型的扩展。用户自定义数据类型是基于系统数据类型创建的数据类型。在实践过程中,基本数据类型已经能满足需要了,除非特别需要,一般不使用用户定义的数据类型,在此不再赘述。

2. 表的创建

表是 SQL Server 中最主要的数据库对象,它是用来存储和操作数据的一种逻辑结构。表由行和列组成,因此也称为二维表。创建表之前,应该先设计表结构。每个数据库包含若干个表。每个表具有一定结构,称之为"表型"。每个表包含若干行数据,它们是表的"值"。表中的一行称为一条记录(record),因此表是记录的有限集合。每条记录由若干数据项构成,称为字段(field)或属性,或者列。能唯一区分表中各个记录的属性或属性集称为"关键字"。

在为一个数据库设计表之前,应考虑该数据库中要存放的数据以及数据如何划分到表中。在本章中,以 library(图书管理系统)数据库为例,创建 bookinfo(图书信息)表、lending(借出信息)表、category(图书种类)表、publish(出版社信息)表、student(学生信息)表、author(作者信息)表等。各表的结构分别见表 2.5~表 2.10。

表 2.5 bookinfo(图书信息)表结构

列 名	数据类型	是否允许空值	是否主键	说 明
bookid	int		是	图书编号
classid	smallint	是		类别编号
bname	nvarchar(50)	是		图书名称
authorid	varchar(10)	是		作者编号
pubid	varchar(10)	是		出版社编号
pdate	smalldatetime	是		出版日期
price	smallmoney	是		价格
byn	bit	是		是否借出

表 2.6 lending(借出信息)表结构

列 名	数据类型	是否允许空值	是否主键	说 明
lid	int		是	借出编号
bookid	int			图书编号
cardno	varchar(50)	是		借书证号
ldate	smalldatetime	是		借出日期
deadline	smalldatetime	是		借书期限
oyn	bit	是		是否超期

表 2.7 category(图书种类)表结构

列 名	数据类型	是否允许空值	是否主键	说 明
classid	smallint		是	类别编号
bclass	varchar(20)			图书类别

表 2.8 publish(出版社信息)表结构

列 名	数据类型	是否允许空值	是否主键	说 明
pubid	varchar(20)		是	出版社编号
pname	nvarchar(50)	是		出版社名称
city	nvarchar(20)	是		所在城市
phone	varchar(15)	是		联系电话

表 2.9　student(学生信息)表结构

列　　名	数 据 类 型	是否允许空值	是否主键	说　　明
sno	varchar(15)		是	学生学号
sname	varchar(10)			学生姓名
ssex	char(2)			学生性别
dept	varchar(10)			所在系
cardno	varchar(50)	是		借书证号

表 2.10　author(作者信息)表结构

列　　名	数 据 类 型	是否允许空值	是否主键	说　　明
authorid	varchar(10)		是	作者编号
aname	varchar(20)	是		作者姓名
asex	char(2)	是		作者性别
aphone	varchar(15)	是		联系电话
address	varchar(50)	是		联系地址
jiguan	varchar(50)	是		籍贯

创建数据表有两种方法:一种是在 SQL Server Management Studio 中创建数据表;另一种是利用 Transact-SQl 语句创建数据表。

1) 在 SQL Server Management Studio 中创建数据表

【练 1】　创建表 2.5 所示的 bookinfo(图书信息)表。

操作步骤如下。

(1) 启动 SQL Server Management Studio,在对象资源管理器中,展开要新建表的数据库 library,右击"表"项,在弹出的快捷菜单中选择"新建表"命令,如图 2.29 所示。

图 2.29　选择"新建表"命令

（2）在弹出的如图 2.30 所示的"表设计器"窗口中，输入列名 bookid，在"数据类型"下拉列表框中选择 int，对于要设置主键的列，后边的"允许 Null 值"暂不用去管。若要对英文列名进行中文说明，可以在"列属性"下面的"说明"框内填写。

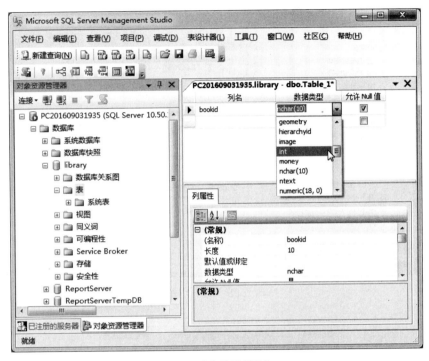

图 2.30　"表设计器"窗口

（3）依次设置其他的列名、数据类型、列长度和允许空等选项，最后设置主键。右击 bookid 所在行，在弹出的快捷菜单中选择"设置主键"命令，或者单击 bookid 所在行，再单击工具栏中的"设置主键"按钮来设置主键，如图 2.31 所示。

（4）设置完毕，单击"保存"按钮或单击设计窗格右边的"×"，再单击"是"按钮，会弹出如图 2.32 所示的对话框，输入表名称 bookinfo 后，单击"确定"按钮，就完成了创建表结构的操作。

2）使用 Transact-SQL 语句创建表

使用 CREATE TABLE 命令可创建数据表，其基本语法格式如下：

```
CREATE TABLE   [ database_name.
    [schema_name].|schema_name.]table_name
({<column_definition>|<computed_column_definition>}
    [ <table_constraint>] [ ,…n ])
  [ON{ partition_schema_name(partition_column_name)
    | filegroup  | "default" } ]
  [{TEXTIMAGE_ON { filegroup |"default" } }]
```

上述格式中的参数说明如下。

database_name：在其中创建表的数据库名称。如果未指定，则默认为当前数据库。

图 2.31　设置主键

图 2.32　"选择名称"对话框

schema_name：新表所属架构的名称。

<column_definition>：用于指定数据表列的属性。

<computed_column_definition>：用于定义计算列，如定义 cost AS price ∗ 2。

<table_constraint>：用于指定表的约束。

ON{ partition_schema_name| filegroup 　|"default" }：指定存储表的分区架构或文件组。

TEXTIMAGE_ON { filegroup |"default" }：指定 text、ntext 和 image 字段的数据存储的文件组。如果无此子句或指定了 default，这些类型的数据就和表一起存储在相同的文件组中。

【练 2】　用 CREATE TABLE 语句创建表 2.5 所示的 bookinfo(图书信息表)的表结构。

```
USE library
CREATE          TABLE              bookinfo
```

```
(bookid         int                  NOT NULL,
classid         smallint             NULL,
bname           nvarchar(50)         NULL,
authorid        varchar(10)          NULL,
pubid           varchar(10)          NULL,
pdate           smalldatetime        NULL,
price           smallmoney           NULL,
byn             bit                  NOT NULL,
CONSTRAINT      PK_bookinfo          PRIMARY KEY CLUSTERED(bookid ASC)
)
GO
```

3. 修改表的结构

用户创建表以后,有时可能需要对所创建的表结构进行修改。可以利用 SQL Server Management Studio 修改表结构,也可以利用 Transact-SQL 语句修改表结构。

1) 在 SQL Server Management Studio 中修改表结构

操作步骤如下。

(1) 启动 SQL Server Management Studio,在对象资源管理器中,展开相应的数据库,找到要修改结构的数据表,如表 author,然后右击,在快捷菜单中选择"设计"命令,就会出现"表设计器"窗口,选定要修改的行,可以进行列名、数据类型、允许 Null 值等的修改,右击,还可以做更多的操作,如图 2.33 所示。

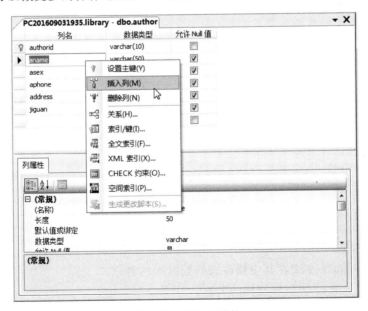

图 2.33　修改表结构

(2) 若要修改表属性,可在"查看"菜单中选择"属性窗口"命令,在弹出的对话框中修改,如图 2.34 所示。

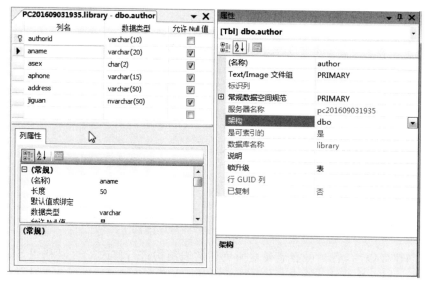

图 2.34 修改表属性

2）利用 Transact-SQL 语句修改表结构

可以使用 ALTER TABLE 语句修改表，其语法格式如下：

```
ALTER TABLE[ database_name . [ schema_name ] . | schema_name . ] table_name
{[ALTER COLUMN column_name
    {[ type_schema_name. ] type_name [({ precision [ , scale ]
        })]
      [ COLLATE collation_name ]
   ]}
  | ADD
  {<column_definition>
    | <table_constraint>
  }[ ,···n ]
  | DROP
  { [ CONSTRAINT ] constraint_name
      | COLUMN column_name
  }[ ,···n ]
}
```

主要参数功能如下。

• database_name：要在其中修改表的数据库的名称。

• schema_name：表所属架构的名称。

• table_name：要更改的表的名称。如果表不在当前数据库中，或者不包含在当前用户所拥有的架构中，则必须显式指定数据库和架构。

• ALTER COLUMN：指定要更改的列。

• column_name：要更改、添加或删除的列的名称。column_name 最多可以包含

128 个字符。

- [type_schema_name.] type_name：更改后的列的新数据类型或添加的列的数据类型。
- precision：指定的数据类型的精度。
- scale：是指定数据类型的小数位数。
- ADD：指定添加一个或多个列定义、计算列定义或者表约束。
- DROP {[CONSTRAINT] constraint_name | COLUMN column_name }：指定从表中删除 constraint_name 或 column_name。可以列出多个列或约束。

【练 3】 修改 bookinfo 表的属性，将字段名为 bname 的列长度由原来的 50 改为 60，将名为 pdate 列的数据类型由原来的 smalldatetime 改为 datetime。

```
USE library
GO
ALTER TABLE  bookinfo
ALTER COLUMN  bname  nvarchar(60)
GO
ALTER TABLE bookinfo
ALTER COLUMN pdate datetime
GO
```

【练 4】 在 bookinfo 表中添加一个新字段，该字段名为 number，类型为 int，允许为空。

```
USE library
GO
ALTER TABLE  bookinfo
ADD
number  int  NULL
GO
```

【练 5】 删除新添加的 number 字段。

```
USE library
GO
ALTER  TABLE  bookinfo
DROP  COLUMN  number
GO
```

4. 为数据表输入数据

为数据表输入数据的方式有多种，可以通过命令方式添加，也可以通过程序添加，还可以通过集成环境录入数据。

1）在集成环境下给 bookinfo 数据表录入数据

操作步骤如下。

（1）启动 SQL Server Management Studio，在对象资源管理器中，展开数据库 library，再展开"表"项，右击表 bookinfo，在快捷菜单中选择"编辑前 200 行"命令，如图 2.35 所示。

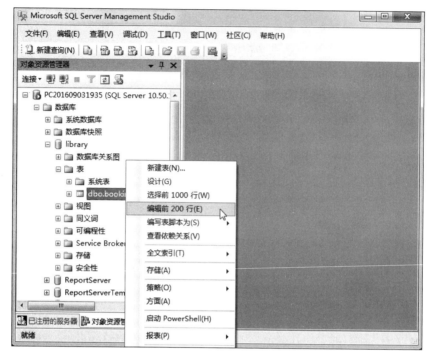

图 2.35　选择"编辑前 200 行"命令

（2）在弹出的如图 2.36 所示的窗口中，根据表结构要求输入每行记录。在输入过程中，要针对不同数据类型输入合法的数据，否则系统不会接受。最后一列因为是 bit 型数据，所以输入时要用 TRUE 表示"真"，用 FALSE 表示"假"。

PC201609031935.test02 - dbo.bookinfo							
	bookid	classid	bname	authorid	pubid	pdate	price	byn
*	NULL	NULL	NULL	NULL	NULL	NULL	NULL	NULL

图 2.36　输入数据

（3）输入数据完毕，界面如图 2.37 所示。单击输入数据窗格右上角的"×"，就可以完成数据的输入过程。

2）以命令方式录入数据

以命令方式录入数据是用 INSERT 命令向数据表里添加数据，可参考理论教材上的命令格式。

5．数据浏览与修改

1）浏览数据

如果在数据输入完后查看表中的数据，可以通过以下两种方式实现。

PC201609031935.library - dbo.bookinfo

bookid	classid	bname	authorid	pubid	pdate	price	byn
2002	2	数据库原理	10012	1001	2003-04-05 00:...	30.0000	False
2003	2	Oracle9i数据库...	10013	1001	2002-05-12 00:...	49.0000	False
2004	2	SQL实用参考手册	10015	1001	2002-05-12 00:...	46.0000	False
2005	2	Access 2003教程	10020	1003	2003-04-05 00:...	25.0000	True
2006	2	Access 2003中...	10019	1001	2002-05-12 00:...	30.0000	True
2007	2	Access 2002数...	10018	1001	2003-04-05 00:...	49.0000	True
2008	2	SQL Server数据...	10036	1001	2003-04-05 00:...	42.0000	False
2009	2	数据库系统原...	10016	1001	2002-05-12 00:...	35.0000	False
2010	2	Access 2000中...	10037	1001	2003-04-05 00:...	98.0000	True
2011	2	Oracle9i数据库...	10015	1001	2002-05-12 00:...	45.0000	True
2012	2	Oracle9i数据库...	10014	1001	2003-04-05 00:...	68.0000	False
2013	2	SQL实用教程	10013	1001	2003-01-05 00:...	42.0000	False

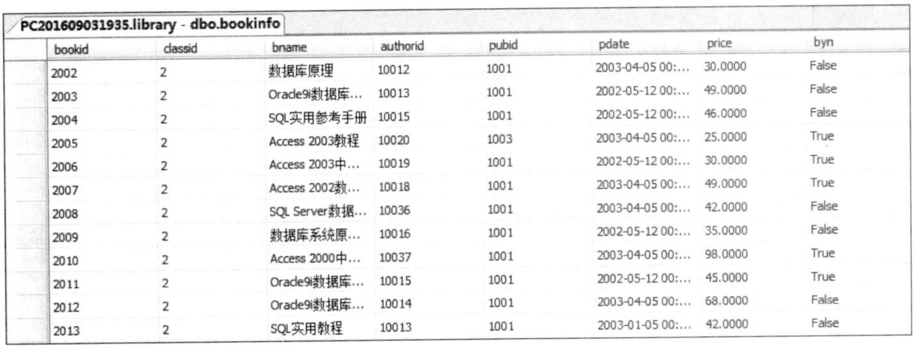

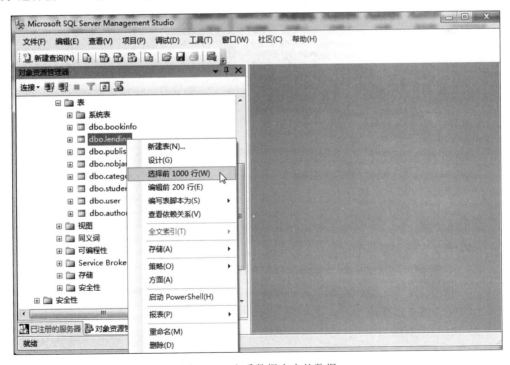

图 2.37　数据输入结束后的界面

(1) 在集成环境中查看。

启动 SQL Server Management Studio，在对象资源管理器中，展开数据库 library，再展开“表”项，右击想要查看的数据表，如 lending，在快捷菜单中选择“编辑前 200 行”命令或“选择前 1000 行(W)”命令，如图 2.38 所示，都能看到表中的数据。

图 2.38　查看数据表中的数据

(2) 用 Transact-SQL 语句在查询编辑器中浏览表数据。

启动 SQL Server Management Studio，单击工具栏中的“新建查询”按钮，在“查询编辑器”窗口中输入查询语句。

【练 6】 查询 student 表中的数据，代码如下：

```
USE  library
```

```
GO
SELECT  *   FROM  student
GO
```

单击"!执行(×)"按钮,可以在结果窗口中看到 student 表的相关数据,如图 2.39 所示。

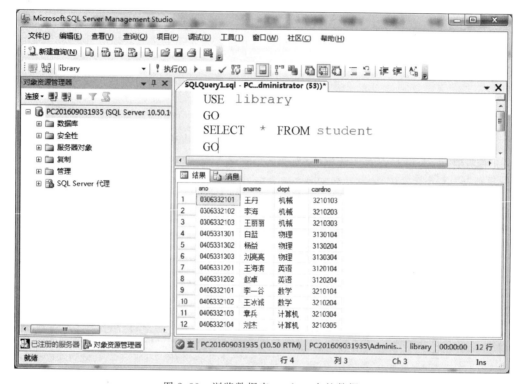

图 2.39　浏览数据表 student 中的数据

2) 修改数据

有两种方法可以修改数据。

(1) 启动 SQL Server Management Studio,在对象资源管理器中,展开数据库 library,再展开"表"项,右击想要查看的数据表,在快捷菜单中选择"编辑前 200 行"命令, 在弹出的窗口中直接修改便可。

(2) 可以通过 INSERT、UPDATE、DELETE 命令修改,也可以参照理论教材上的命令,这里不再赘述。

6. 表的删除

当需要删除一个表时,可以通过 SQL Server Management Studio 删除表,也可以利用 Transact-SQL 语句删除表。

1) 通过 SQL Server Management Studio 删除表

(1) 启动 SQL Server Management Studio,在对象资源管理器中,展开数据库

library,再展开"表"项,右击想要删除的数据表,如 author,在快捷菜单中选择"删除"命令,如图 2.40 所示。

图 2.40 选择"删除"命令

（2）在弹出的"删除对象"窗口中会出现要删除的表,单击"确定"按钮,便可删除选定的数据表,如图 2.41 所示。

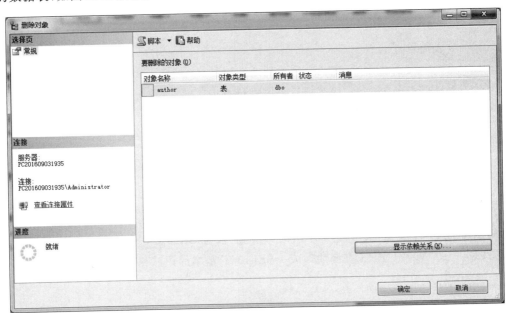

图 2.41 删除表 author

（3）如果出现"删除失败"的消息,就表示不能删除该数据表,原因可能是该数据表正在使用,或与其他表存在依赖关系。此时可单击窗口下边的"显示依赖关系"按钮,查看该表的依赖关系。若存在依赖关系,则该表不能删除,除非事先删除依赖该表的关系。

2) 使用 Transact-SQL 语句删除表

语法格式如下:

```
DROP TABLE[ database_name . [ schema_name ] . | schema_name . ]
        table_name[ ,…n ]
```

* database_name:在其中删除表的数据库的名称。
* schema_name:表所属架构的名称。
* table_name:要删除的表的名称。

【练 7】 删除 bookinfo 数据表。

```
DROP TABLE  bookinfo
GO
```

实验 4 简 单 查 询

实验目的

(1) 掌握 SQL Server 2008 R2 查询命令的基本功能。
(2) 学会用命令进行简单查询。

实验内容

(1) 单表简单查询。
(2) 为列定义别名并返回前 n 行、虚列的产生。
(3) WHERE 条件查询、用逻辑运算符进行查询。
(4) ORDER BY、GROUP BY、HAVING 子句的使用。
(5) 使用 INTO 生成新表。

相关知识与过程

1. 基本语法的构成

SQL 的核心是查询。SQL 的查询命令也称为 SELECT 命令,它的基本形式由 SELECT-FROM-WHERE 查询块组成。SELECT 基本的语法格式为

```
SELECT [ALL|DISTINCT] select_list
[TOP (expression)[PERCENT]]
[INTO   [new_table_name]]
FROM {table_name|view_name}[,…n]
[WHERE <search_condition>]
```

```
[GROUP BY <group_by_expression>]
[HAVING <search_condition>]
[ORDER BY order_expression [ ASC | DESC ] ]
```

ALL：不去掉重复元组，默认值为 ALL。

DISTINCT：表示在结果集中消除重复的元组。

select_list：查询列的列表。

FROM：查询所基于的表或视图。

WHERE：查询条件。

GROUP BY ＜group_by_expression＞：表示对数据进行分组。

HAVING ＜search_condition＞：表示分组后的筛选条件。

ORDER BY order_expression：表示根据某个(些)列对结果集排序。

2. 单表简单查询

打开查询编辑器，先将当前数据库切换为 library。

【练 1】　查询 bookinfo 表中的图书信息。

```
SELECT  *  FROM  bookinfo
GO
```

执行效果如图 2.42 所示。

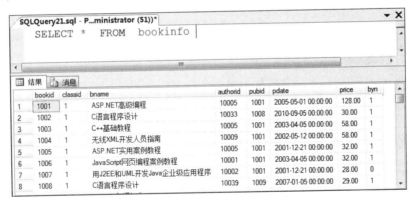

图 2.42　查询 bookinfo 表中的图书信息

【练 2】　查询 bookinfo 表中的图书名称。

```
SELECT  bname  FROM  bookinfo
GO
```

执行效果如图 2.43 所示。

可以看到，图 2.43 中有两行"C 语言程序设计"。如果要去掉重复行，可以在代码中加上关键字 DISTINCT。具体代码如下：

```
SELECT  DISTINCT  bname  FROM  bookinfo
GO
```

执行效果如图 2.44 所示。

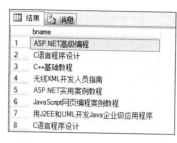

	bname
1	ASP.NET高级编程
2	C语言程序设计
3	C++基础教程
4	无线XML开发人员指南
5	ASP.NET实用案例教程
6	JavaScript网页编程案例教程
7	用J2EE和UML开发Java企业级应用程序
8	C语言程序设计

图 2.43 查询图书名称信息

	bname
1	ASP.NET高级编程
2	ASP.NET实用案例教程
3	C++基础教程
4	C语言程序设计
5	JavaScript网页编程案例教程
6	无线XML开发人员指南
7	用J2EE和UML开发Java企业级应用程序

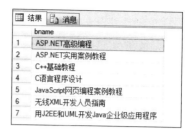

图 2.44 去掉重复行

3. 为列取别名并返回前 *n* 行

【练 3】 从 publish 表中查询出版社名称、所在城市、联系电话的相关数据，并且为这些列取别名，同时只返回前 5 条记录。

```
SELECT TOP 5 pname AS '出版社名称',city AS '所在城市', phone AS '联系电话'
FROM publish
GO
```

执行效果如图 2.45 所示。

4. 使用单引号产生虚列

【练 4】 查询 bookinfo 表的 bname 列和 price 列，并且在 price 列前面显示“价格为”，要求只返回前 5 行。

```
SELECT  TOP  5  bname, '价格为',price
FROM bookinfo
GO
```

执行效果如图 2.46 所示。

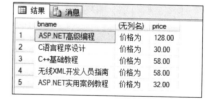

	出版社名称	所在城市	联系电话
1	清华大学出版社	北京	010-69542585
2	光明日报出版社	北京	010-67548568
3	中国宇航出版社	北京	010-56458689
4	科学出版社	北京	010-89654231
5	西安交通大学出版社	西安	029-58458689

图 2.45 为列取别名并返回前 5 行

	bname	(无列名)	price
1	ASP.NET高级编程	价格为	128.00
2	C语言程序设计	价格为	30.00
3	C++基础教程	价格为	58.00
4	无线XML开发人员指南	价格为	58.00
5	ASP.NET实用案例教程	价格为	32.00

图 2.46 使用单引号产生虚列

5. 单表条件查询

【练 5】 在 bookinfo 表中查询“定价”大于 50 的所有图书，并在查询结果中显示图书编号、图书名称、出版日期和定价。

```
SELECT  bookid,bname,pdate,price
```

```
FROM   bookinfo
WHERE  price>50
GO
```

执行效果如图 2.47 所示。

	bookid	bname	pdate	price
1	1001	ASP.NET高级编程	2005-05-01 00:00:00	128.00
2	1003	C++基础教程	2003-04-05 00:00:00	58.00
3	1004	无线XML开发人员指南	2002-05-12 00:00:00	58.00
4	1009	VB.NET入门经典	2001-12-21 00:00:00	75.00
5	1010	XML编程技术大全	2003-04-05 00:00:00	85.00

图 2.47　条件查询

【练 6】　从 author 表中,查询"籍贯"是"河北石家庄"的所有作者,并在查询结果中显示作者姓名和籍贯。

```
SELECT aname,jiguan
FROM  author
WHERE  jiguan='河北石家庄'
GO
```

执行效果如图 2.48 所示。

	aname	jiguan
1	杨陵	河北石家庄
2	周军	河北石家庄
3	王为	河北石家庄
4	张新首	河北石家庄
5	刘振安	河北石家庄

图 2.48　用等号进行条件查询

6. 用逻辑运算符查询

【练 7】　从 author 表中,查询性别为"男",并且籍贯是"湖南长沙"的作者信息。

```
SELECT  *
FROM  author
WHERE  asex='男' AND  jiguan='湖南长沙'
GO
```

执行效果如图 2.49 所示。

	authorid	aname	asex	aphone	address	jiguan
1	10012	宋昆	男	13054785485	长沙市东风桥北路	湖南长沙
2	10036	李克函	男	13348655569	长沙市天星区	湖南长沙
3	10037	董嘉	男	13607317845	长沙市岳麓区	湖南长沙

图 2.49　用 AND 逻辑运算符进行查询

【练8】 从 bookinfo 表中,查询"定价"在 60 到 100 之间的图书信息,并且返回图书名称、出版社编号、出版日期和定价。

```
SELECT  bname,pubid,pdate,price
FROM  bookinfo
WHERE  price  BETWEEN  60  AND  100
GO
```

执行效果如图 2.50 所示。

	bname	pubid	pdate	price
1	VB.NET入门经典	1001	2001-12-21 00:00:00	75.00
2	XML编程技术大全	1001	2003-04-05 00:00:00	85.00
3	Oracle编程入门经典	1001	2001-12-21 00:00:00	78.00
4	Access 2000中文版使用大全	1001	2003-04-05 00:00:00	98.00
5	Oracle9i数据库管理员使用大权	1001	2003-04-05 00:00:00	68.00
6	Flash开发指南	1001	2003-01-05 00:00:00	72.00

图 2.50 用 BETWEEN…AND 进行查询

【练9】 从 bookinfo 表中,查询图书编号是 1001、1008、2005、2014 之一且出版社编号不是 1001、1004 的图书信息,并返回图书名称、作者编号、出版社编号、出版日期和定价。

```
SELECT  bname,authorid,pubid,pdate,price
FROM  bookinfo
WHERE  bookid  IN('1001','1008','2005','2014')
          AND  pubid  NOT IN('1001','1004')
GO
```

执行效果如图 2.51 所示。

	bname	authorid	pubid	pdate	price
1	C语言程序设计	10039	1009	2007-01-05 00:00:00	29.00
2	Access 2003教程	10020	1003	2003-04-05 00:00:00	25.00

图 2.51 使用 IN 和 NOT IN 查询

【练10】 从 author 表中,查询姓张的作者信息,并返回所有列。

```
SELECT  *
FROM  author
WHERE  aname  LIKE  '张%'
GO
```

执行效果如图 2.52 所示。

7. 使用 ORDER BY 子句排序

使用 ORDER BY 子句,可以对查询的结果进行升序(ASC)或降序(DESC)排列。利

图 2.52 使用 LIKE 查询

用 ORDER BY 子句进行排序,需要注意的事项和原则如下。

- 默认情况下,结果集按照升序排列。
- ORDER BY 子句包含的列并不一定出现在选择列表中。
- ORDER BY 子句可以通过指定列名、函数值和表达式的值进行排序。
- ORDER BY 子句不可以使用 text、ntext 或 image 类型的列。
- ORDER BY 子句可以同时指定多个排序项,若第一个属性值相等,则根据第二个属性的值排序,依次类推。

【练 11】 从 bookinfo 表中,按价格降序显示前 5 本书的所有信息。

```
SELECT  TOP  5  *
FROM  bookinfo
ORDER  BY  price  DESC
GO
```

执行效果如图 2.53 所示。

图 2.53 利用 ORDER BY 排序

8. 使用 GROUP BY 子句分组

GROUP BY 子句可以将查询结果按属性列或属性列组合在行的方向上进行分组,每组在属性列或属性列组合上具有相同的聚合值。

【练 12】 从 student 表中,统计男、女学生的人数。

```
SELECT  ssex  AS  '性别',count(*)  AS  '人数'
FROM  student
GROUP  BY  ssex
GO
```

执行效果如图 2.54 所示。

图 2.54　利用 GROUP BY 分组

9. 使用 HAVING 子句

【练 13】　从 bookinfo 表中,查询已借出的图书中,每家出版社出版的图书数,以及这些书中最高价大于 25 的相关信息,并返回图书名称、数量和最高价。

```
SELECT pname,
COUNT(bname)  AS  '数量',
MAX(price)  AS  '最高价'
FROM  bookinfo
WHERE  byn=1
GROUP  BY  pubid
HAVING  MAX(price)>25
GO
```

执行效果如图 2.55 所示。

图 2.55　使用 HAVING 子句

10. 使用 INTO 子句生成新表

利用 SELECT…INTO 可将几个表或视图中的数据组合成一个表。

【练 14】　从 publish 表中,选取出版社编号、出版社名称生成一个新表 pnew。

```
SELECT pubid,pname
INTO  pnew
FROM  publish
GO
```

查看新表的记录代码如下:

```
SELECT  *  FROM  pnew
GO
```

图 2.56　新表的记录

执行效果如图 2.56 所示。

实验 5　连接和嵌套查询

实验目的

(1) 掌握 SQL Server 2008 R2 连接查询。

(2) 掌握 SQL Server 2008 R2 嵌套查询。

实验内容

(1) 为数据表定义别名。

(2) 等值连接和自然连接查询。

(3) 左外连接查询、右外连接查询、完全连接查询、交叉连接查询。

(4) 使用 IN、NOT IN、比较运算符、EXISTS 进行子查询。

相关知识与过程

1. 连接查询

进行查询时,可以通过连接查询从多个表中查询相关数据。连接查询给用户带来很大的灵活性和便捷性。

在连接操作中,经常需要使用关系名作为前缀,有时这样很麻烦。因此,SQL 允许在FROM 子句中为关系定义别名,格式为

```
<关系名>   <别名>
```

1) 内连接

内连接使用比较运算符进行表间某列或多列数据的比较操作,并列出这些表中与连接条件相匹配的数据行。它使用的比较运算符有＝、＞＝、＜＝、!＝、＜＞、!＞、!＜等。

(1) 等值连接。

等值连接就是在连接条件中使用等于号(＝)进行连接,其查询结果中列出被连接表的所有列,包括其中的重复列。

【练 1】 查询 author 表中籍贯和 publish 表中所在城市相同的作者和出版社信息。

```
SELECT  *
FROM  author  a  INNER  JOIN  publish  b
ON  a.jiguan=b.city
GO
```

执行效果如图 2.57 所示。

	authorid	aname	asex	aphone	address	jiguan	pubid	pname	city	phone
1	10009	施真真	女	010-68542135	北京市通州区	北京	1001	清华大学出版社	北京	010-69542585
2	10010	秦小昆	男	010-87876868	北京市丰台区	北京	1001	清华大学出版社	北京	010-69542585
3	10014	张亚男	男	010-68954581	北京市朝阳区	北京	1001	清华大学出版社	北京	010-69542585
4	10015	张莫	女	010-58825631	北京市昌平区	北京	1001	清华大学出版社	北京	010-69542585
5	10016	董嘉	女	010-69542315	北京市海淀区	北京	1001	清华大学出版社	北京	010-69542585
6	10017	王维	男	010-87548546	北京市石景山区	北京	1001	清华大学出版社	北京	010-69542585
7	10018	李克函	男	010-64582456	北京市怀柔区	北京	1001	清华大学出版社	北京	010-69542585
8	10019	王昊迪	男	010-88545215	北京市西城区	北京	1001	清华大学出版社	北京	010-69542585

图 2.57 等值连接查询

(2) 自然连接。

消除冗余属性的等值连接就是自然连接。

【练2】 将上例的冗余属性去掉,变成自然连接。

```
SELECT  a.*,b.pubid,b.pname, b.phone
FROM  author  a  INNER  JOIN  publish  b
ON  a.jiguan=b.city
GO
```

执行效果如图 2.58 所示。

	authorid	aname	asex	aphone	address	jiguan	pubid	pname	phone
1	10009	施真真	女	010-68542135	北京市通州区	北京	1001	清华大学出版社	010-69542585
2	10010	秦小昆	男	010-87876868	北京市丰台区	北京	1001	清华大学出版社	010-69542585
3	10014	张亚男	女	010-68954581	北京市朝阳区	北京	1001	清华大学出版社	010-69542585
4	10015	张莫	女	010-58825631	北京市昌平区	北京	1001	清华大学出版社	010-69542585
5	10016	董嘉	女	010-69542315	北京市海淀区	北京	1001	清华大学出版社	010-69542585
6	10017	王维	男	010-87548546	北京市石景山区	北京	1001	清华大学出版社	010-69542585
7	10018	李克函	男	010-64582456	北京市怀柔区	北京	1001	清华大学出版社	010-69542585
8	10019	王昊迪	男	010-88545215	北京市西城区	北京	1001	清华大学出版社	010-69542585

图 2.58 去掉冗余属性

【练3】 查询 author 表中的作者及他们出版的书名,并按作者姓名降序排列,只返回前 8 条。

```
SELECT  TOP  8  a.aname,b.bname
FROM  author  a  INNER  JOIN  bookinfo  b
ON  b.aname=a.aname  ORDER  BY  a.aname  DESC
GO
```

执行效果如图 2.59 所示。

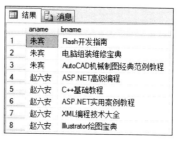

	aname	bname
1	朱宾	Flash开发指南
2	朱宾	电脑组装维修宝典
3	朱宾	AutoCAD机械制图经典范例教程
4	赵六安	ASP.NET高级编程
5	赵六安	C++基础教程
6	赵六安	ASP.NET实用案例教程
7	赵六安	XML编程技术大全
8	赵六安	Illustrator绘图宝典

图 2.59 自然连接查询

2) 外连接

当至少有一个同属于两个表的行符合连接条件时,内连接才返回行。内连接消除与另一个表中的任何行不匹配的行,而外连接会返回 FROM 子句中提到的至少一个表或视图的所有行,只要这些行符合任何搜索条件。因为在外连接中参与连接的表有主从之分,以主表的每行数据去匹配从表的数据行,如果符合连接条件,则直接返回到查询结果中,如果主表中的行在从表中没有找到匹配的行,与内连接不同的是,在内连接中丢弃不匹配的行,而在外连接中主表的行仍然保留,并且返回到查询结果中,相应的从表中的行中被填上 NULL 值后,也返回到查询结果中。

外连接又分为左外连接、右外连接和完全连接 3 种。

(1) 左外连接。

左外连接的查询结果集中包括 JOIN 子句中左侧表中的所有行。右表中的行与左表中的行不匹配时,则结果集中右表对应位置为 NULL。

【练 4】　在 author 表和 publish 表中,以"籍贯"和"所在城市"作为连接条件建立左外连接,并按作者姓名升序排列。

```
SELECT  a.aname,a.asex,a.jiguan ,b.pname
FROM  author  a  LEFT  JOIN  publish  b
ON  a.jiguan=b.city
ORDER  BY  aname
GO
```

执行效果如图 2.60 所示。在查询结果窗口中,显示左表中指定列的所有行和右表对应连接列的所有行,在左表中的行没找到相匹配的右表的对应位置填上 NULL 值。

	aname	asex	jiguan	pname
46	马利	男	北京	电子工业出版社
47	马利	男	北京	北京大学出版社
48	马利	男	北京	高等教育出版社
49	孟雨娟	女	江苏南京	NULL
50	钱封	男	陕西西安	NULL
51	秦小昆	男	北京	清华大学出版社
52	秦小昆	男	北京	光明日报出版社

图 2.60　左外连接

(2) 右外连接。

右外连接的查询结果集中包括 JOIN 子句中右侧表中的所有行。右表中的行与左表中的行不匹配时,则结果集中左表对应位置为 NULL。

【练 5】　在 author 表和 publish 表中,以"籍贯"和"所在城市"作为连接条件建立右外连接,并按作者姓名升序排列。

```
SELECT  a.aname,a.asex,a.jiguan,b.pname
FROM author  a  RIGHT  JOIN  publish  b
ON  a.jiguan=b.city
ORDER  BY  aname
GO
```

执行效果如图 2.61 所示。在查询结果窗口中,显示右表中指定列的所有行和左表对应连接列的所有行,在右表中的行没找到相匹配的左表的对应位置填上 NULL 值。

(3) 完全连接。

完全连接的查询结果集中包括 JOIN 子句中左表和右表中的所有行。如果某一行在另一个表中没有匹配的行,则另一个表中对应的位置为 NULL。

	aname	asex	jiguan	pname
1	NULL	NULL	NULL	西安交通大学出版社
2	NULL	NULL	NULL	上海科学普及出版社
3	NULL	NULL	NULL	四川电子音像出版社
4	NULL	NULL	NULL	重庆大学出版社
5	秦小昆	男	北京	人民教育出版社
6	秦小昆	男	北京	海洋出版社

图 2.61　右外连接

【练 6】　在 author 表和 publish 表中，以“籍贯”和“所在城市”作为连接条件建立完全连接，并按作者姓名升序排列。

```
SELECT  a.aname,a.asex,a.jiguan,b.pname
FROM author  a  FULL  JOIN  publish  b
ON  a.jiguan=b.city
ORDER  BY  aname
GO
```

执行效果如图 2.62 所示。在查询结果窗口中，显示表中指定列的所有行和对应连接列的所有行，在另一个表中没找到相匹配的表的对应位置填上 NULL 值。

	aname	asex	jiguan	pname
1	NULL	NULL	NULL	西安交通大学出版社
2	NULL	NULL	NULL	上海科学普及出版社
3	NULL	NULL	NULL	四川电子音像出版社
4	NULL	NULL	NULL	重庆大学出版社
5	李小平	男	山东济南	NULL
6	孟雨娟	女	江苏南京	NULL
7	钱封	男	陕西西安	NULL

图 2.62　完全连接

(4) 交叉连接。

交叉连接不带 WHERE 子句时，返回的是被连接的两个表所有数据行的笛卡儿积，即返回到结果集中的数据行数等于两个表的数据行数的乘积。

【练 7】　对 author 表和 publish 表建立交叉连接，并按作者姓名升序排列。

```
SELECT  a.aname,a.asex,a.jiguan,b.pname
FROM  author  a  CROSS  JOIN  publish  b
ORDER  BY  aname
GO
```

执行完后，部分记录截图如图 2.63 所示。

2. 嵌套查询

在一个 SELECT 语句中嵌入另一个完整的 SELECT 语句称为嵌套查询。嵌入的 SELECT 语句称为子查询。子查询经常用于多表处理，它是一个嵌套在 SELECT、INSERT、UPDATE、DELETE 语句或其他子查询中的查询。通常，可以用连接代替子查

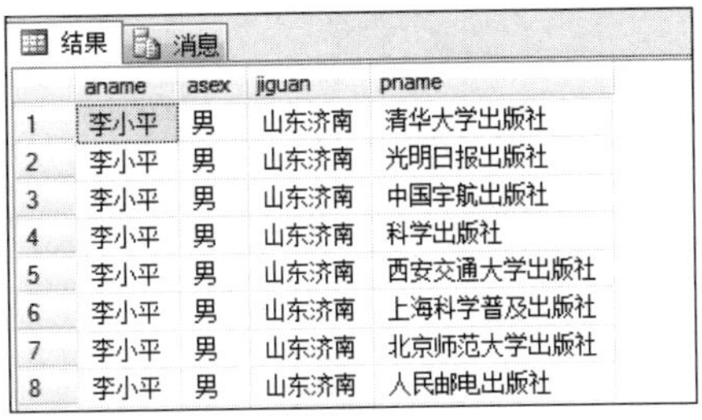

	aname	asex	jiguan	pname
1	李小平	男	山东济南	清华大学出版社
2	李小平	男	山东济南	光明日报出版社
3	李小平	男	山东济南	中国宇航出版社
4	李小平	男	山东济南	科学出版社
5	李小平	男	山东济南	西安交通大学出版社
6	李小平	男	山东济南	上海科学普及出版社
7	李小平	男	山东济南	北京师范大学出版社
8	李小平	男	山东济南	人民邮电出版社

图 2.63 交叉连接

询,也可以使用子查询代替表达式。子查询也称为内部查询或内部选择,而包含子查询的语句称为外部查询或外部选择。

子查询受下列限制的制约。

- 通过比较运算符引入的子查询选择列表只能包括一个表达式或列名称(对 SELECT * 执行的 EXISTS 或对列表执行的 IN 子查询除外)。
- 如果外部查询的 WHERE 子句包括列名称,那么它必须与子查询选择列表中的列是连接兼容的。
- ntext、text 和 image 数据类型不能用在子查询的选择列表中。
- 由于必须返回单个值,所以由未修改的比较运算符(即后面未跟关键字 ANY 或 ALL 的运算符)引入的子查询不能包含 GROUP BY 和 HAVING 子句。
- 包含 GROUP BY 的子查询不能使用 DISTINCT 关键字。
- 不能指定 COMPUTE 和 INTO 子句。
- 只有指定 TOP 时,才能指定 ORDER BY。
- 不能更新使用子查询创建的视图。
- 由 EXISTS 引入的子查询的选择列表有一个星号(*),而不是单个列名。因为由 EXISTS 引入的子查询创建了是否存在相关记录的测试,并返回 TRUE 或 FALSE,而非数据,所以其规则与标准选择列表的规则相同。

1) 使用 IN 的子查询

基本语法格式为

```
WHERE  expression  [NOT]  IN  (subquery)
```

【练 8】 查询已经借出的图书信息。

```
SELECT  *
FROM  bookinfo
WHERE  bookid  IN(SELECT  bookid  FROM  lending)
GO
```

执行效果如图 2.64 所示。

【练 9】 查询非“程序设计”和“数据库开发”类的图书信息。

```
SELECT *
```

结果 消息

	bookid	classid	bname	authorid	pubid	pdate	price	byn
1	1001	1	ASP.NET高级编程	10005	1001	2005-05-01 00:00:00	128.00	1
2	2006	2	Access 2003中文版入门与提高	10019	1001	2002-05-12 00:00:00	30.00	1
3	3010	3	Flash动画特效	10009	1006	2003-01-05 00:00:00	29.80	1
4	3011	3	Flash实用普及教程	10008	1001	2003-01-05 00:00:00	30.00	1
5	5010	5	计算机网络组建与应用	10005	1001	2002-05-12 00:00:00	23.00	1
6	6005	6	电脑组装维修宝典	10026	1014	2002-05-12 00:00:00	26.00	1
7	6006	6	包罗万象电脑硬件DIY应用大全	10034	1001	2002-05-12 00:00:00	24.00	1
8	6010	6	基础入门篇	10018	1005	2003-04-05 00:00:00	33.00	1
9	7001	7	Pro/E 2003模具设计案例教程	10037	1010	2003-04-05 00:00:00	45.00	1
10	8002	8	电脑爱好者	10003	1017	2003-04-05 00:00:00	28.00	1

图 2.64 使用 IN 的子查询

```
FROM  bookinfo
WHERE  classid  NOT  IN(SELECT  classid  FROM  category
WHERE  bclass='程序设计' OR bclass='数据库开发')
GO
```

执行效果如图 2.65 所示。

	bookid	classid	bname	authorid	pubid	pdate	price	byn
1	3001	3	Flash开发指南	10026	1001	2003-01-05 00:00:00	72.00	0
2	3002	3	Flash网页动画制作标准教程	10034	1001	2003-01-05 00:00:00	28.00	0
3	3003	3	Freehand平面设计与网页制作	10024	1001	2002-05-12 00:00:00	24.00	0
4	3004	3	Photoshop CS培训教程	10023	1001	2003-01-05 00:00:00	36.00	0
5	3005	3	Photoshop CS图像处理标准教程	10022	1001	2002-05-12 00:00:00	24.00	0
6	3006	3	Director7.0/8.0入门与提高	10021	1001	2003-01-05 00:00:00	27.00	0
7	3007	3	Photoshop与CorelDRAW平面设计培训教程	10020	1001	2003-01-05 00:00:00	29.00	0

图 2.65 使用 NOT IN 的子查询

2）使用比较运算符的子查询

【练 10】 查询价格大于所有“网络管理”类图书的图书信息。

```
SELECT  *
FROM bookinfo
WHERE  price>ALL(SELECT price FROM bookinfo
WHERE  classid  IN(SELECT classid FROM category
WHERE  bclass='网络管理'))
GO
```

执行效果如图 2.66 所示。

结果 消息

	bookid	classid	bname	authorid	pubid	pdate	price	byn
1	1001	1	ASP.NET高级编程	10005	1001	2005-05-01 00:00:00	128.00	1
2	1010	1	XML编程技术大全	10005	1001	2003-04-05 00:00:00	85.00	0
3	2001	2	Oracle编程入门经典	10011	1001	2001-12-21 00:00:00	78.00	1
4	2010	2	Access 2000中文版使用大全	10037	1001	2003-04-05 00:00:00	98.00	1
5	3026	3	Photoshop实例宝典	10023	1010	2003-04-05 00:00:00	79.00	0
6	3027	3	印前图像处理高级指导	10005	1001	2002-05-12 00:00:00	98.00	0
7	7016	7	Proe专用模块	10024	1001	2003-04-05 00:00:00	86.00	0
8	8004	8	英汉双解微软计算机辞典	10019	1001	2002-05-12 00:00:00	90.00	0

图 2.66 使用比较运算符的子查询

3）使用 EXISTS 的子查询

基本语法格式为

```
WHERE  [NOT]  EXISTS  (subquery)
```

EXISTS 子查询用来测试子查询返回的行是否存在，本身不产生任何数据，只返回 TRUE 或 FALSE 值。

【练 11】 查询在“出版社编号”为 1008 的出版社出版过图书的作者信息。

```
SELECT *
FROM  author
WHERE  EXISTS
(SELECT  *  FROM  bookinfo,publish
WHERE  author.authorid=bookinfo.authorid  AND  pubid='1008')
GO
```

执行效果如图 2.67 所示。

结果 消息

	authorid	aname	asex	aphone	address	jiguan
1	10001	王国政	男	0371-68964312	郑州市平原路25号	河南郑州
2	10008	孟雨娟	女	13645230235	南京市漳德路33号	江苏南京
3	10010	秦小昆	男	010-87876868	北京市丰台区	北京
4	10015	张莫	女	010-58825631	北京市昌平区	北京
5	10033	贾宗璞	男	010-69696354	北京市怀柔区	北京

图 2.67　使用 EXISTS 子查询

【练 12】 查询没在“清华大学出版社”出版过图书的作者信息。

```
SELECT  *
FROM  author
WHERE  NOT  EXISTS
(SELECT  *  FROM  bookinfo,publish
WHERE  author.authorid=bookinfo.authorid  AND
bookinfo.pubid=publish.pubid  AND  pname='清华大学出版社')
GO
```

执行效果如图 2.68 所示。

结果 消息

	authorid	aname	asex	aphone	address	jiguan
1	10004	周军	男	0311-5864245	石家庄市绿色小区2号	河北石家庄
2	10029	宋小辉	男	13025365896	太原市华严里三区	山西太原
3	10030	赵建军	男	138564525468	西安市半坡遗址路68号	陕西西安
4	10031	李世新	男	0371-68964312	郑州市平原路25号	河南郑州
5	10032	胡明国	男	010－68542135	北京市通州区	北京
6	10033	贾宗璞	男	010-69696354	北京市怀柔区	北京
7	10039	刘振安	男	0311-58648569	石家庄市桥东区	河北石家庄

图 2.68　使用 NOT EXISTS 子查询

实验 6 完整性约束

实验目的

（1）掌握数据完整性的概念及分类。
（2）掌握约束的含义及创建、修改、删除约束的方法。
（3）掌握规则和默认值的创建与使用方法。

实验内容

（1）集成环境下和命令方式下为表创建、修改、删除 5 种约束。
（2）规则的创建、绑定、解除绑定、删除。
（3）默认值的创建、绑定、解除绑定、删除。

相关知识与过程

1. 数据完整性

数据完整性是保证数据正确的特性，也就是数据的一致性和相容性。数据完整性根据作用的数据库对象和范围的不同，可以分为 4 类：实体完整性、域完整性、参照完整性、用户定义完整性。用来实施数据完整性的途径主要是约束、默认值、规则、触发器、存储过程、数据类型、标识列等。

2. 约束

约束是 SQL Server 提供的自动保持数据库完整性的一种方法，定义了可输入表或表的单个列中的数据的限制条件。SQL Server 2008 R2 中有 5 种约束：主键约束（Primary Key Constraint）、外键约束（Foreign Key Constraint）、唯一性约束（Unique Constraint）、检查约束（Check Constraint）和非空约束（NOT NULL Constraint）。可以通过 SQL Server Management Studio 和 Transact-SQL 语句两种方式来创建约束。

1）用 SQL Server Management Studio 创建约束

（1）主键约束。

主键约束指定表的一列或几列的组合值在表中具有唯一性，即能唯一地指定一行记录。每个表中只能有一个主键，有 IMAGE 和 TEXT 类型的列不能被指定为主键，也不允许指定主键列有 Null 值。

【练 1】 将 student 表中的 sno 列设置为主键。

操作步骤如下。

① 启动 SQL Server Management Studio，在对象资源管理器中，展开数据库 library，再展开"表"项，右击 student 数据表。

② 在快捷菜单中选择"设计"命令，在弹出的表设计器界面中，右击 sno 所在行，在快

捷菜单中选择"设置主键"命令,此行最左边就会出现 标志,表示主键已设置好。

③ 单击工具栏中的"保存"按钮,就完成了主键约束的设置,如图 2.69 所示。

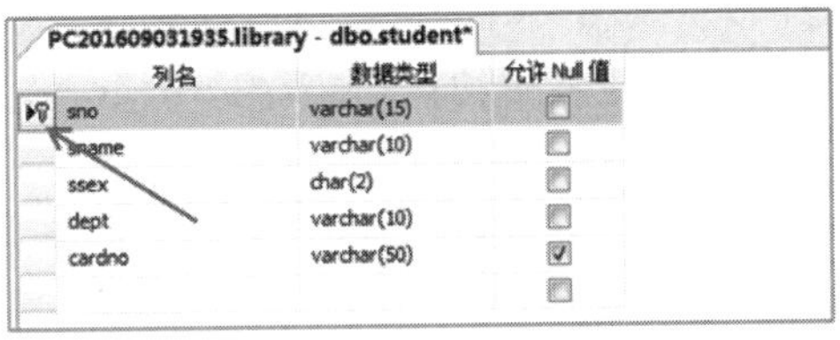

图 2.69　创建主键约束

【练 2】　将 user 表中的"姓名"和"性别"属性组合设置为主键。

操作步骤如下。

① 启动 SQL Server Management Studio,在对象资源管理器中,展开数据库 library,再展开"表"项,右击 user 数据表。

② 在快捷菜单中选择"设计"命令,在弹出的表设计器界面中,单击"姓名"所在行最左边的 标志。

③ 按住 Ctrl 键,在"性别"最左边单击一下,放开 Ctrl 键,在选定区域右击,在快捷菜单中选择"设置主键"命令,此时这两行最左边均会出现钥匙标志,表示组合属性主键已设置好。

④ 单击工具栏中的"保存"按钮,就完成了组合属性主键约束的设置,如图 2.70 所示。

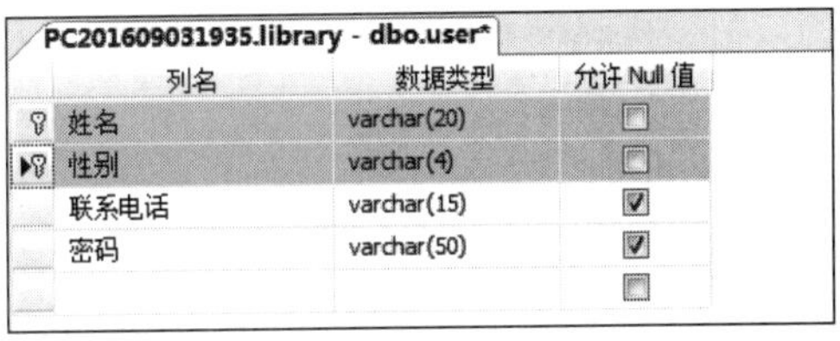

图 2.70　给组合属性设置主键约束

(2) 外键约束。

外键约束定义了表之间的关系。当一个表中的一个列或多个列的组合和其他表中的主键定义相同时,就可以将这些列或列的组合定义为外键,并设定它和某个表中的某列相关联。主键所在的表称为主表,外键所在的表称为从表。使用外键约束有以下好处。

在阻止执行时:

- 从表插入新行,其外键值不是主表的主键值便阻止插入。
- 从表修改外键值,新值不是主表的主键值便阻止修改。
- 主表删除行,其主键值在从表里存在便阻止删除(要想删除,必须先删除从表的相关行)。
- 主表修改主键值,旧值在从表里存在便阻止修改(要想修改,必须先删除从表的相关行)。

在级联执行时：

* 主表删除行，连带从表的相关行一起删除。
* 主表修改主键值，连带从表相关行的外键值一起修改。

【练 3】 在 bookinfo 表中，创建外键约束，主表为 category，公共字段为 classid。

操作步骤如下。

① 启动 SQL Server Management Studio，在对象资源管理器中，展开数据库 library，再展开"表"项，右击 bookinfo 数据表。

② 在快捷菜单中选择"设计"命令，在弹出的表设计器界面中右击，在快捷菜单中选择"关系"命令；或者单击工具栏中的 ![关系] (关系)按钮。

③ 在弹出的"外键关系"对话框中，单击"添加"按钮，再单击"表和列规范"后的 ... 按钮，如图 2.71 所示。

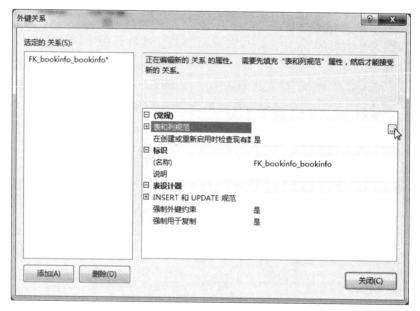

图 2.71 "外键关系"对话框

④ 在弹出的"表和列"对话框中，选择主表 category，从主表和从表下面的下拉列表框中选择公共字段 classid，如图 2.72 所示。

⑤ 单击"确定"按钮，再单击工具栏中的"保存"按钮，完成保存操作，就完成了外键约束的创建。若展开 bookinfo 表下面的"键"项，就能看到刚才创建的外键约束名称 FK_bookinfo_category。

⑥ 若想修改，只需右击该约束名称，在快捷菜单中选择"修改"命令，在弹出的对话框中进行修改即可。

⑦ 如果要实现级联更新或级联删除，就需在创建外键关系对话框中展开"INSERT 和 UPDATE 规范"项，在"更新规则"或"删除规则"后面的下拉列表框中选择"级联"选项，如图 2.73 所示。

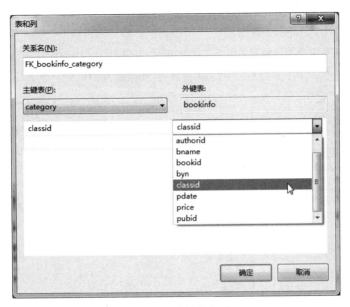

图 2.72　选择表和列

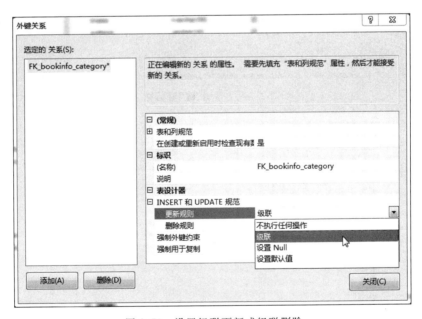

图 2.73　设置级联更新或级联删除

（3）唯一性约束。

唯一性约束指定一个或多个列的组合的值具有唯一性，以防止在列中输入重复的值。主键约束也是唯一性约束，但主键约束指定的列不能出现空值，而唯一性约束指定的列可以出现空值。

【练4】　在 category 表中，对 bclass 列创建唯一性约束。

操作步骤如下。

① 启动 SQL Server Management Studio,在对象资源管理器中,展开数据库 library,再展开"表"项,右击 category 数据表。

② 在快捷菜单中选择"设计"命令,在弹出的表设计器界面中右击,在快捷菜单中选择"索引/键"命令;或单击工具栏中的 (管理索引和键)按钮。

③ 在弹出的"索引/键"对话框中,单击"添加"按钮,如图 2.74 所示。

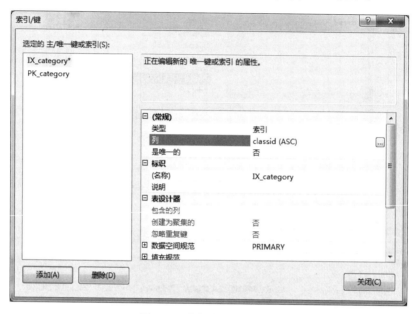

图 2.74 "索引/键"对话框

④ 单击"列"后边的 按钮,弹出如图 2.75 所示的对话框。

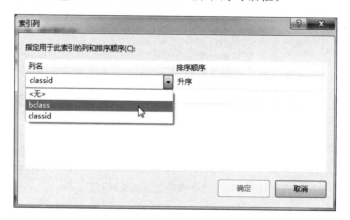

图 2.75 "索引列"对话框

⑤ 在"列名"下拉列表框中选择 bclass,还可以设置排序顺序,默认是升序,设置完后,单击"确定"按钮,回到图 2.74 所示的对话框。单击"是唯一的"右边的下拉列表框按钮,选择"是"选项,如图 2.76 所示。

⑥ 单击"关闭"按钮,再单击工具栏中的"保存"按钮,完成保存操作,就完成了唯一性

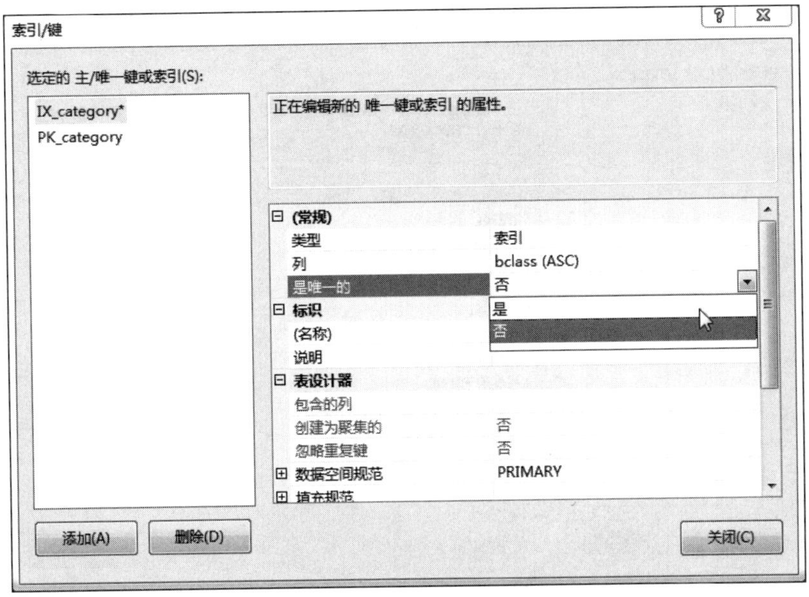

图 2.76　创建唯一性约束

约束的创建。若展开 category 表下面的"索引"项,就能看到刚才创建的唯一性约束名称 IX_category。

（4）检查约束。

检查约束对输入列或整个表中的值设置检查条件,以限制输入值,保证数据库的数据完整性。

【练 5】　在 author 表中,创建检查约束,使 asex 字段只能输入"男"或"女"。

操作步骤如下。

① 启动 SQL Server Management Studio,在对象资源管理器中,展开数据库 library,再展开"表"项,右击 author 数据表。

② 在快捷菜单中选择"设计"命令,在弹出的表设计器界面中右击,在快捷菜单中选择"CHECK 约束"命令;或单击工具栏中的 ▦（管理 Check 约束）按钮。

③ 在弹出的"CHECK 约束"对话框中,单击"添加"按钮,如图 2.77 所示。

④ 单击"表达式"后边的 ⋯ 按钮,弹出"CHECK 约束表达式"对话框,输入表达式 "asex='男' or asex='女'",如图 2.78 所示。

⑤ 单击"确定"按钮,回到图 2.77 所示的对话框,单击"关闭"按钮,再单击工具栏中的"保存"按钮,完成保存操作,就完成了 CHECK 约束的创建。若展开 author 表下面的"约束"项,就能看到刚才创建的检查约束名称 CK_author。

⑥ 若想修改,只需右击该约束名称,在快捷菜单中选择"修改"命令,在弹出的对话框中进行修改即可。

（5）非空约束。

非空约束决定表中的行对应某列在输入记录时是否可以取空值。空值不是指没有值,而是指不知道或未定义的值。非空约束可以在设计表时进行设置,也可以在表创建完

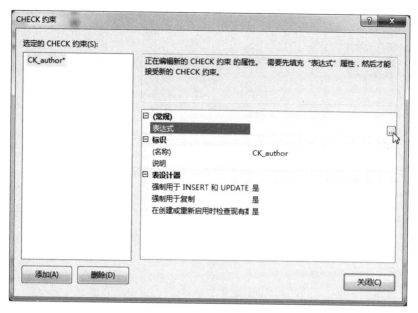

图 2.77 "CHECK 约束"对话框

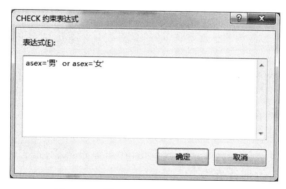

图 2.78 设置 CHECK 约束表达式

成后,对表结构进行修改而设置。

【练 6】 将 publish 表中的 pname 列设置为不允许空。

操作步骤如下。

① 启动 SQL Server Management Studio,在对象资源管理器中,展开数据库 library,再展开"表"项,右击 publish 数据表。

② 在快捷菜单中选择"设计"命令,在弹出的表设计器界面中,取消勾选 pname 所在行对应的"允许 Null 值"复选框。

③ 单击工具栏中的"保存"按钮,就完成了 NOT NULL 约束的设置,如图 2.79 所示。

2) 用 Transact-SQL 语句创建或修改约束

创建约束可以用 CREATE TABLE 或 ALTER TABLE 命令来完成。使用

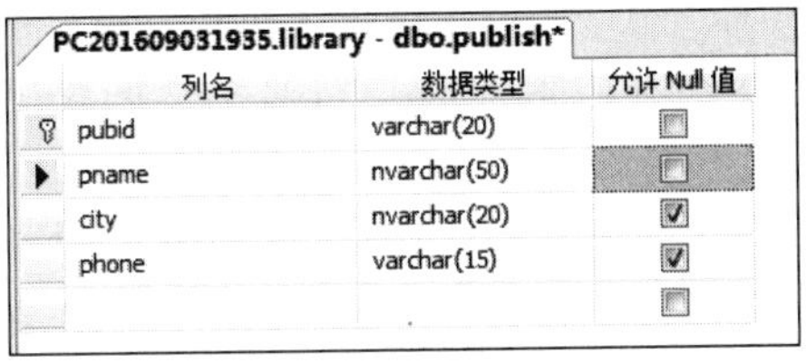

图 2.79　设置 NOT NULL 约束

CREATE TABLE 命令表示在创建表的时候定义约束,使用 ALTER TABLE 命令表示在已有的表中添加、修改或删除约束。即使表中已经有了数据,也可以在表中添加约束。ALTER TABLE 基本语法格式如下:

```
ALTER TABLE  [ database_name . [ schema_name ] . | schema_name . ] table_name
{
    ALTER COLUMN column_name type_name[(precision [ , scale ])]
    | [ WITH { CHECK | NOCHECK } ]
    |ADD
    [ CONSTRAINT constraint_name ]
    {
        { PRIMARY KEY | UNIQUE }
        [ CLUSTERED | NONCLUSTERED ]
            (column [ ASC | DESC ] [ ,…n ])
        | FOREIGN KEY  (column [ ,…n ])
        REFERENCES referenced_table_name[(ref_column [ ,…n ])]
        [ ON DELETE { NO ACTION | CASCADE } ]
        [ ON UPDATE { NO ACTION | CASCADE | } ]
        | CHECK  (logical_expression)
    }
    | DROP[ CONSTRAINT ] constraint_name
}[ ,…n ]
```

各参数的功能如下。

WITH CHECK | WITH NOCHECK:指定表中的数据是否用新添加的或重新启用的 FOREIGN KEY 或 CHECK 约束进行验证。如果未指定,对于新约束,假定为 WITH CHECK,对于重新启用的约束,假定为 WITH NOCHECK。如果不想根据现有数据验证新的 CHECK 或 FOREIGN KEY 约束,请使用 WITH NOCHECK。

constraint_name:约束的名称。除了不能以数字符号(♯)开头外,约束名称还必须符合标识符命名规则。如果未提供 constraint_name,则将系统生成的名称分配给约束。

PRIMARY KEY:指定主键约束。对每个表只能创建一个 PRIMARY KEY 约束。

UNIQUE:通过唯一索引为指定的一列或多列提供实体完整性的约束。

CLUSTERED | NONCLUSTERED:指定为 PRIMARY KEY 或 UNIQUE 约束创建聚集或非聚集索引。PRIMARY KEY 约束默认为 CLUSTERED。UNIQUE 约束默认为 NONCLUSTERED。

column:新约束中使用的一个列或一组列,使用括号指定。

ASC｜DESC:指定加入到表约束中的一列或多列的排序顺序,默认值为 ASC(升序)。

FOREIGN KEY REFERENCES:为列中数据提供引用完整性的约束。FOREIGN KEY 约束要求列中的每个值在引用的表中对应的被引用列中都存在。

referenced_table_name:FOREIGN KEY 约束引用的表。

ref_column:新 FOREIGN KEY 约束引用的一个列或一组列(置于括号中)。

ON DELETE｛ NO ACTION｜CASCADE ｝:指定在发生更改的表中,如果行有引用关系且引用的行在父表中被删除,则对这些行采取什么操作,默认值为 NO ACTION。

NO ACTION:SQL Server 数据库引擎将引发错误,并回滚对父表中行的删除操作。

CASCADE:如果从父表中删除一行,则将从引用表中删除相应行。

ON UPDATE｛ NO ACTION｜CASCADE｝:指定在发生更改的表中,如果行有引用关系且引用的行在父表中被更新,则对这些行采取什么操作,默认值为 NO ACTION。

NO ACTION:数据库引擎将引发错误,并回滚对父表中相应行的更新操作。

CASCADE:如果在父表中更新了一行,则将在引用表中更新相应的行。

CHECK:一个约束,该约束通过限制可输入一列或多列中的可能值来强制实现域完整性。

logical_expression:用于 CHECK 约束的逻辑表达式,返回 TRUE 或 FALSE。与 CHECK 约束一起使用的 logical_expression 不能引用其他表,但可以引用同一表中同一行的其他列。该表达式不能引用别名数据类型。

【练 7】 在 bookinfo 表中,为列 bookid 创建主键约束,同时使 classid 列的"允许空"设置为 NOT NULL。

```
ALTER TABLE  bookinfo
ADD  CONSTRAINT  PK_bookinfo  PRIMARY KEY  CLUSTERED
    (bookid  ASC)
GO
ALTER TABLE bookinfo
ALTER COLUMN classid  smallint  NOT NULL
GO
```

【练 8】 在 lending 表中,为列 bookid 创建外键约束,主表为 bookinfo。

```
ALTER TABLE lending
ADD  CONSTRAINT  FK_lending_bookinfo  FOREIGN  KEY(bookid)
REFERENCES  bookinfo(bookid)
GO
```

【练 9】 在 student 表中,为列 ssex 创建 CHECK 约束,指定该列的值只能取"男"或"女"。

```
ALTER  TABLE  student
ADD  CONSTRAINT  CK_student  CHECK(ssex='男'  or  ssex='女')
```

```
GO
```

【练 10】　在 student 表中，为列 cardno 创建 UNIQUE 约束。

```
ALTER  TABLE  student
ADD  CONSTRAINT  U_student  UNIQUE  NONCLUSTERED(cardno)
GO
```

3）删除约束

若要删除约束，可以在集成环境中选定要删除的约束，然后右击，在快捷菜单中选择"删除"命令就可以了。另外，也可以通过 Transacct-SQL 语句来删除约束。语法格式如下：

```
ALTER  TABLE  table_name
DROP  CONSTRAINT  constraint_name
GO
```

【练 11】　将 student 表中的 CHECK 约束 CK_student 删除。

```
ALTER  TABLE  student
DROP  CONSTRAINT  CK_student
GO
```

3. 规则

规则是一种数据库对象，属于逐步取消的数据完整性手段。SQL Server 2008 R2 只能通过 Transact-SQL 语句创建规则。列或别名数据类型只能被绑定一个规则。不过，列可以同时有一个规则以及一个或多个检查约束与其相关联。在这种情况下，将评估所有限制。

1）用 CREATE RULE 命令创建规则

语法格式如下：

```
CREATE  RULE  [ schema_name . ] rule_name
    AS  condition_expression
```

各参数的功能如下。

schema_name：规则所属架构的名称。

rule_name：新规则的名称。规则名称必须符合标识符命名规则。根据需要，指定规则所有者名称。

condition_expression：定义规则的条件。规则可以是 WHERE 子句中任何有效的表达式，并且可以包括诸如算术运算符、关系运算符和谓词（如 IN、LIKE、BETWEEN）这样的元素。规则不能引用列或其他数据库对象。可以包括不引用数据库对象的内置函数。不能使用用户定义函数。condition_expression 包括一个变量。每个局部变量的前面都有一个@。该表达式引用通过 UPDATE 或 INSERT 语句输入的值。创建规则时，可以使用任何名称或符号表示值，但第一个字符必须是@。

【练 12】 创建一个规则 rule1,用于限定绑定该规则的列的值只能是"男"或"女"。

```
CREATE   RULE   rule1
AS
@sex   IN('男', '女')
GO
```

【练 13】 创建一个规则 rule2,用于限定绑定该规则的列的值必须为 0~100。

```
CREATE   RULE   rule2
AS
@num   BETWEEN   0   AND   100
GO
```

规则创建完成后,启动 SQL Server Management Studio,在对象资源管理器中,展开数据库 library,再展开"规则"项,就可以看到创建的规则名称了。

2)绑定规则

要使规则起作用,可以将规则绑定到表中的列或用户定义数据类型。绑定规则的语法格式如下:

```
sp_bindrule[ @rulename=] 'rule' ,
    [ @objname=] 'object_name'
    [ , [ @futureonly=] 'futureonly_flag' ]
```

各参数的功能如下。

[@rulename =] 'rule':由 CREATE RULE 语句创建的规则名称。

[@objname=] 'object_name':要绑定规则的表和列或用户定义数据类型。不能将规则绑定到 text、ntext、image、varchar(max)、nvarchar(max)、varbinary(max)、xml、CLR 用户定义类型或 timestamp 列。无法将规则绑定到计算列。

[@futureonly=] 'futureonly_flag':仅当将规则绑定到用户定义数据类型时才能使用。future only_flag 的数据类型为 varchar(15),默认值为 NULL。当此参数设置为 futureonly 时,可以防止具有用户定义数据类型的现有列继承新的规则。

【练 14】 将规则 rule1 绑定到 student 表的 ssex 列。

```
EXEC   sp_bindrule   'rule1', 'student.ssex'
GO
```

3)解除列上绑定的规则

解除列上绑定的规则可以使用 sp_unbindrule 存储过程。sp_unbindrule 存储过程的语法格式如下:

```
sp_unbindrule   [@objname=] 'object_name'
    [,[@futureonly=] 'futureonly_flag']
```

各参数的功能如下。

[@objname=] 'object_name':要取消规则绑定的表和列或别名数据类型的名称。

[@futureonly＝] 'futureonly_flag'：仅在取消用户定义的数据类型的规则绑定时使用。futureonly_flag 的数据类型为 varchar(15)，默认值为 NULL。当 futureonly_flag 的数据类型为 futureonly 时，该数据类型的现有列不会失去指定的规则。

【练 15】　解除绑定到 student 表的 ssex 列上的规则。

```
EXEC  sp_unbindrule  'student.ssex'
GO
```

4）删除规则

解除规则绑定后，可以通过在对象资源管理器中选定规则名称，再右击，从快捷菜单中选择"删除"命令来删除规则。也可以通过 Transact-SQL 语句来删除规则，语法格式如下：

```
DROP  RULE { [ schema_name . ] rule_name } [ ,…n ]
```

【练 16】　将规则 rule1 删除。

```
DROP  RULE  rule1
```

4. 默认值

默认值也是一种数据库对象，属于逐步取消的数据完整性手段。SQL Server 2008 R2 只能通过 Transact-SQL 语句创建规则。

1）用 CREATE DEFAULT 命令创建规则

语法格式如下：

```
CREATE  DEFAULT [ schema_name . ] default_name
AS  constant_expression
```

各参数的功能如下。

schema_name：默认值所属架构的名称。

default_name：默认值的名称。默认值名称必须遵守标识符命名规则。可以选择是否指定默认值所有者名称。

constant_expression：只包含常量值的表达式（它不能包括任何列或其他数据库对象的名称）。除了那些包含用户定义数据类型的表达式，可以使用任何常量、内置函数或数学表达式。不能使用用户定义函数。字符和日期常量要放在单引号(')内；货币、整数和浮点常量不需要引号。二进制数据必须以 0x 开头，货币数据必须以美元符号($)开头。默认值必须与列数据类型兼容。

【练 17】　创建一个默认值对象 default1。

```
CREATE  DEFAULT  default1  AS  '1001'
GO
```

创建完成后，启动 SQL Server Management Studio，在对象资源管理器中，展开数据库 library，再展开"默认值"项，就可以看到刚创建的默认值名称。

2）绑定默认值对象

要使默认值起作用，可以在表设计器中直接将默认值绑定到指定列或使用 Transact-SQL 语句绑定默认值。

（1）使用表设计器进行绑定。

【练 18】 将默认值 default1 绑定到 bookinfo 表的 pubid 列。

操作步骤如下。

① 选定要绑定默认值的 bookinfo 数据表，右击，从快捷菜单中选择"设计"命令。

② 在弹出的表设计器窗口中，选择 pubid 所在行，在下面的列属性窗体中，单击"默认值或绑定"项后边的下拉列表框，选择默认值 dbo.default1，如图 2.80 所示。

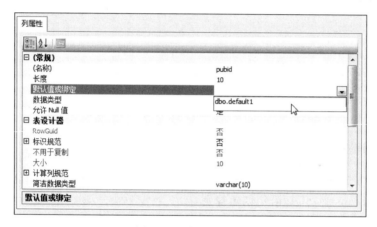

图 2.80　绑定默认值

③ 选择好之后，单击工具栏中的"保存"按钮，就完成了默认值的绑定。

（2）使用 sp_bindefault 命令进行绑定。

语法格式如下：

```
sp_bindefault  [@defname=] 'default',
    [@objname=] 'object_name'
    [ , [@futureonly=] 'futureonly_flag' ]
```

各参数的功能如下。

［@defname＝］'default'：由 CREATE DEFAULT 创建的默认值的名称。

［@objname＝］'object_name'：将默认值绑定到的表名、列名或用户定义数据类型。

［@futureonly＝］'futureonly_flag'：仅当将默认值绑定到别名数据类型时才能使用。futureonly_flag 的数据类型为 varchar(15)，默认值为 NULL。当此参数设置为 futureonly 时，该数据类型的现有列无法继承新默认值。

【练 19】 将默认值 default1 绑定到 publish 表的 pname 列。

```
EXEC  sp_bindefault  'default1','publish.pname'
GO
```

执行命令完成后，右击 publish 表，从快捷菜单中选择"设计"命令，在弹出的表设计器窗口中，选择 pname 列，在下面的列属性窗体中可以看到 pname 列已经绑定了默认值 default1。

3）解除列上绑定的默认值

解除列上绑定的默认值可以使用 sp_unbindefault 存储过程。sp_unbindefault 存储过程的语法格式如下：

```
sp_unbindefault[ @objname=] 'object_name'
    [ , [ @futureonly=] 'futureonly_flag' ]
```

各参数的功能如下。

［ @objname＝］'object_name'：要解除其默认值绑定的表和列或别名数据类型的名称。

［ @futureonly＝］'futureonly_flag'：仅在解除别名数据类型的默认值绑定时使用。 futureonly_flag 的数据类型为 varchar(15)，默认值为 NULL。当 futureonly_flag 的数据类型为 futureonly 时，该数据类型的现有列不会失去指定默认值。

【练 20】　解除绑定到 publish 表的 pname 列上的默认值。

```
EXEC  sp_unbindefault  'publish.pname'
GO
```

4）删除默认值

解除默认值绑定后，可以通过在对象资源管理器中选定默认值名称，再右击，从快捷菜单中选择"删除"命令来删除默认值，也可以通过 Transact-SQL 语来删除默认值，语法格式如下：

```
DROP  DEFAULT  { [ schema_name . ] default_name } [ ,…n ]
```

schema_name：默认值所属架构的名称。

default_name：现有默认值的名称。

【练 21】　删除默认值 default1。

```
DROP  DEFAULT  default1
GO
```

实验 7　视　图　操　作

实验目的

（1）掌握视图的概念。

（2）掌握创建、修改视图的方法。

（3）掌握利用视图修改数据的方法。

实验内容

（1）创建视图、通过视图查看数据。

（2）视图的修改、删除。

（3）利用视图修改数据。

相关知识与过程

1. 视图的定义

视图是从基本表中派生出的并依赖于基本表，是一种虚拟表。它可以从一个或多个表中的一个列或多个列中提取数据，同真实的表一样，视图也包含一系列带有名称的列和行数据。但是，视图对应数据的行和列数据来自定义视图的查询所引用的表，并且在引用视图时动态生成。

视图的行和数据表类似，可以对其进行查看、修改和删除，也可通过视图实现对基表数据的查询与修改。

使用视图的主要作用如下。

- 提供面向用户的安全性保证。
- 提供面向用户的数据表现形式。
- 屏蔽数据库的复杂性。
- 简化用户权限的管理。
- 重构数据库的灵活性。

2. 视图的创建

可以利用 SQL Server Management Studio 来创建视图，也可以利用 Transact-SQL 语句来创建视图。

1）在 SQL Server Management Studio 中创建视图

【练 1】 创建视图，查询 author 表中女作者的 aname 及这些作者出版的书的 bname、pubid、price，并按 aname 升序排列。

操作步骤如下。

（1）启动 SQL Server Management Studio，在对象资源管理器中，展开要新建视图的数据库 library，右击"视图"项，从弹出的快捷菜单中选择"新建视图"命令，弹出"添加表"对话框，如图 2.81 所示。

（2）在图 2.81 中，选择 author 和 bookinfo 两个表，单击"添加"按钮，添加完后，单击"关闭"按钮，回到视图设计器界面，如图 2.82 所示。

如果添加的表有误，可以在关系图窗格中表的标题栏上右击，从快捷菜单中选择"删除"命令删除已添加的表，如图 2.83 所示。如果想添加新的表，可以在空白处右击，从快捷菜单中选择"添加表"添加新的数据表，如图 2.84 所示。

在本例中，当添加两个表后，两个表之间的联系通过 authorid 自动连上了，如果添加的两个表之间没出现联系，只需要鼠标左键按住一个表的一个字段拖到另一个表相同的字段上去再放手就可以了。如果要删除两个表之间的联系，可以在联系上右击，从快捷菜单中选择"删除"命令，便能删除两表之间的联系，如图 2.85 所示。

图 2.81　"添加表"对话框

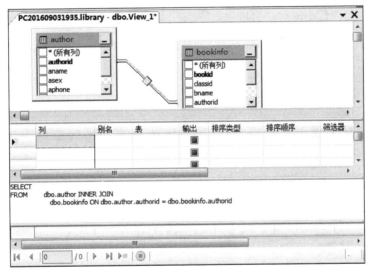

图 2.82　视图设计器

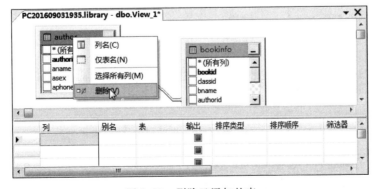

图 2.83　删除已添加的表

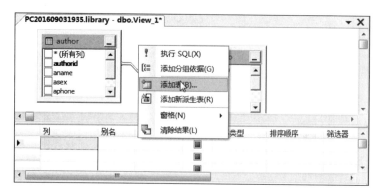

图 2.84 添加新的表

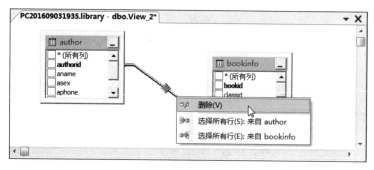

图 2.85 删除联系

（3）选定结果集中要出现的列：在 author 表左边的复选框中选中 aname，在 bookinfo 表左边的复选框中选中 bname、pubid、price，如图 2.86 所示。

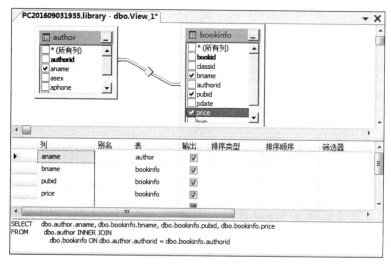

图 2.86 选择列

（4）指定查询条件：选择 author 表中的 asex，因为 asex 这一列不在结果中显示，所以在中间的条件窗格中，取消勾选 asex 后边对应的"输出"列。在 asex 后边"筛选器"对应位置输入"='女'"。在 aname 所在行后边的排序类型下边的下拉列表框中选择"升序"，在排序顺序的下拉列表框中选择1，如图 2.87 所示。

图 2.87　设置排序和条件

（5）所有设置完成以后，可以看到在下面的 SQL 窗格中，显示了创建视图的全部代码，所有通过可视化界面操作的步骤都会自动生成相应的代码。因此，也可以通过修改下面的代码来创建视图，不一定通过前面的步骤一一操作。操作效果如图 2.88 所示。

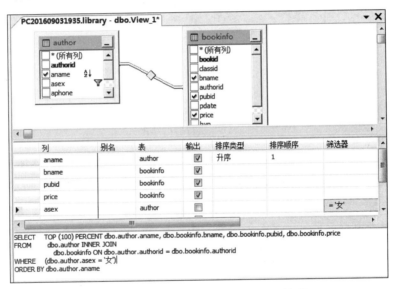

图 2.88　视图创建主要步骤完成后的情形

生成的代码为

```
SELECT  TOP(100)  PERCENT dbo.author.aname, dbo.bookinfo.bname,
dbo.bookinfo.pubid, dbo.bookinfo.price
FROM  dbo.author INNER JOIN
    dbo.bookinfo ON dbo.author.authorid=dbo.bookinfo.authorid
WHERE  (dbo.author.asex='女')
ORDER BY dbo.author.aname
```

其中，TOP(100) PERCENT 表示返回所有记录的前100%，也就是全部显示了。可以通过修改 PERCENT 前的数字来指定输出所有记录的前百分之多少，也可以去掉 PERCENT，如 TOP　＜n＞，那就是只显示前 n 条记录了。

（6）设置完成后，单击工具栏中的"保存"按钮，弹出如图 2.89 所示的对话框。

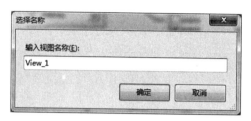

图 2.89　输入视图名称

（7）在对话框中输入视图名称，单击"确定"按钮，就完成了视图的创建。展开 library 数据库下的"视图"项，就能看到创建的视图名称 View_1。

（8）单击工具栏中的"!"按钮，会执行 SQL 窗格中的全部代码，将查询结果显示在结果窗格中，如图 2.90 所示。

	aname	bname	pubid	price
▶	李立平	Oracle9i开发指南	1001	49.0000
	李立平	Photoshop 7.0...	1001	45.0000
	李立平	Proe入门与提高	1001	38.0000
	李立平	工程应用案例	1011	25.0000
	孟雨娟	VB.NET程序设...	1001	22.0000
	孟雨娟	Flash实用普及...	1001	30.0000
	孟雨娟	FreeHand绘图...	1001	58.0000

图 2.90　执行后的结果

（9）若要指定分组依据和条件，则要选择"查询设计器"菜单中的"添加分组依据"命令，"分组依据"列将显示在条件窗格中，再进行相关设置即可，如图 2.91 所示。

列	别名	表	输出	排序类型	排序顺序	分组依据	筛选器
aname		author	☑	升序	1	分组依据	
▶ bname		bookinfo	☑			分组依据	
pubid		bookinfo	☑			Max	
price		bookinfo	☑			Count	
asex		author	☐			Count_Big	= '女'
			☐			表达式	
			☐			Where	
			☐			Min Distinct	
						Max Distinct	
						Count Disti...	

图 2.91　添加分组依据

2）利用 Transact-SQL 语句创建视图

可以利用 CREATE VIEW 命令创建视图，其语格法式如下：

```
CREATE  VIEW [ schema_name . ] view_name [(column [ ,…n ])]
[ WITH [ ENCRYPTION ] [ ,…n ] ]
AS select_statement
[ WITH  CHECK  OPTION ] [ ; ]
```

各参数的功能如下。

schema_name：视图所属架构的名称。

view_name：视图的名称。视图名称必须符合有关标识符的命名规则。

column：视图中的列使用的名称。仅在下列情况下需要列名：列是从算术表达式、函数或常量派生的；两个或更多的列可能会具有相同的名称（通常是由于连接的原因）；视图中的某个列的指定名称不同于其派生来源列的名称。如果未指定 column，则视图列将获得与 SELECT 语句中的列相同的名称。

ENCRYPTION：对 sys. syscomments 表中包含 CREATE VIEW 语句文本的项进行加密。

AS：指定视图要执行的操作。

select_statement：定义视图的 SELECT 语句。该语句可以使用多个表和其他视图。

WITH CHECK OPTION：强制针对视图执行的所有数据修改语句都必须符合在 select_statement 中设置的条件。通过视图修改行时，WITH CHECK OPTION 可确保提交修改后，仍可通过视图看到数据。

【练 2】　创建一个名称为 V_publish 的视图，包含城市在北京的出版社信息。

```
CREATE   VIEW   V_publish
AS
   SELECT   *
FROM   publish
WHERE   city='北京'
GO
```

【练 3】　创建一个名称为 V_student 的视图，包含男生的全部信息，并按 sno 升序排列。

```
CREATEVIEW   V_student
AS
   SELECT   TOP   (100)   PERCENT   *
FROM student
WHERE   ssex='男'   ORDER   BY   sno
GO
```

注意：在创建视图的 SELECT 查询语句中包含 ORDER BY 子句时，在 SELECT 语句的选择列表中必须包含 TOP 子句。

【练 4】　创建一个名称为 V_b_c 的视图，包含编号为 1001 的出版社出版图书的 bookid、bname、bclass，并按 bookid 升序排列。

```
CREATE VIEW   V_b_c
AS
SELECT TOP(100)   PERCENT   bookid, bname,bclass
FROM   bookinfo INNER JOIN   category
ON bookinfo.classid=category.classid
WHERE   pubid='1001'
ORDER BY bookid
GO
```

3. 通过视图查看数据

由于视图是基于基本表生成的，所以可像操作基本表一样来操作视图，以便进行数据的查询及其他相关操作。查看视图数据可以利用 SQL Server Management Studio 来完成，也可以利用 Transact-SQL 语句来完成。

1）使用 SQL Server Management Studio 查看视图数据

【练 5】 查看视图 V_publish 中的数据。

启动 SQL Server Management Studio，在对象资源管理器中展开要查看视图数据的数据库 library，展开“视图”项，右击 V_publish，从弹出的快捷菜单中选择“选择前 1000 行”或“编辑前 200 行”命令，弹出视图数据浏览窗口，该窗口和基本表数据浏览是一样的，如图 2.92 所示。

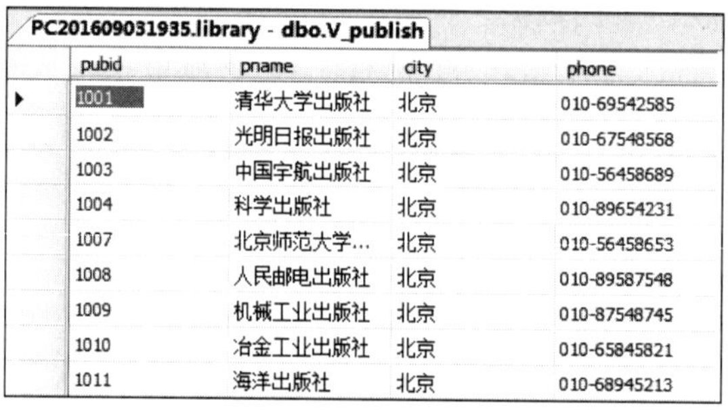
PC201609031935.library - dbo.V_publish

pubid	pname	city	phone
1001	清华大学出版社	北京	010-69542585
1002	光明日报出版社	北京	010-67548568
1003	中国宇航出版社	北京	010-56458689
1004	科学出版社	北京	010-89654231
1007	北京师范大学...	北京	010-56458653
1008	人民邮电出版社	北京	010-89587548
1009	机械工业出版社	北京	010-87548745
1010	冶金工业出版社	北京	010-65845821
1011	海洋出版社	北京	010-68945213

图 2.92　浏览视图数据

2）利用 Transact-SQL 语句浏览视图

【练 6】 查询视图 V_b_c 中的数据。

```
SELECT  *  FROM  V_b_c
GO
```

4. 视图的修改

修改视图数据可以利用 SQL Server Management Studio 来完成，也可以利用 Transact-SQL 语句来完成。

1）使用 SQL Server Management Studio 修改视图数据

【练 7】 修改视图 V_b_c，使结果集中增加一列 pubid。

操作步骤如下。

（1）启动 SQL Server Management Studio，在对象资源管理器中，展开数据库 library，展开“视图”项，右击 V_b_c，从弹出的快捷菜单中选择“设计”命令，弹出视图设计窗口，在上面的关系图窗格中，在 bookinfo 表中勾选 pubid 复选框，如图 2.93 所示。

（2）修改完成后，单击工具栏中的“保存”按钮进行保存，单击工具栏中的“!”按钮，可看到修改后视图的查询结果，如图 2.94 所示。

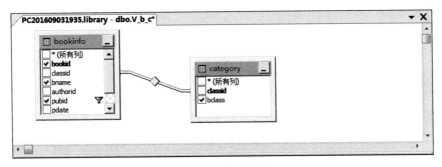

图 2.93　修改视图

```
SELECT    TOP (100) PERCENT dbo.bookinfo.bookid, dbo.bookinfo.bname, dbo.category.bclass, dbo.bookinfo.pubid
FROM      dbo.bookinfo INNER JOIN
          dbo.category ON dbo.bookinfo.classid = dbo.category.classid
WHERE     (dbo.bookinfo.pubid = '1001')
```

	bookid	bname	bclass	pubid
▶	1001	ASP.NET高级编程	程序设计	1001
	1003	C++基础教程	程序设计	1001
	1004	无线XML开发人…	程序设计	1001
	1005	ASP.NET实用案…	程序设计	1001
	1006	JavaScript网页…	程序设计	1001

|◀ ◀ | 1 | / 92 | ▶ ▶| ▶▦ ▶※ | ▣ | 单元格是只读的。

图 2.94　修改后视图的查询结果

2）利用 Transact-SQL 语句修改视图

修改视图可以通过 ALTER VIEW 命令来实现,基本语法格式为

```
ALTER VIEW  [ schema_name.] view_name [(column [ ,…n ])]
[ WITH [ ENCRYPTION ] [ ,…n ] ]
  AS select_statement
[ WITH CHECK OPTION ] [ ; ]
```

语句中各参数的含义与 CREATE VIEW 中的参数含义相同。

【练8】　修改视图 V_b_c,使其包含编号为 1008 的出版社所出版图书的 bookid、bname、bclass,并按 bookid 降序排列。

```
ALTER  VIEW  V_b_c
AS
SELECT TOP(100)  PERCENT  bookid, bname, bclass
FROM bookinfo INNER JOIN  category
    ON bookinfo.classid=category.classid
WHERE pubid='1008'
ORDER BY  bookid  DESC
GO
```

5. 视图的删除

删除视图可以利用 SQL Server Management Studio 来完成,也可以利用 Transact-

SQL 语句来完成。

1）使用 SQL Server Management Studio 删除视图

【练 9】 删除视图 V_student。

操作步骤如下。

（1）启动 SQL Server Management Studio，在对象资源管理器中，展开数据库 library，展开"视图"项，右击 V_student，从弹出的快捷菜单中选择"删除"命令。

（2）在弹出的"删除对象"窗口中，会显示要删除的视图，单击"确定"按钮便可完成对视图的删除操作。

2）利用 Transact-SQL 语句删除视图

若要从当前数据库中删除一个或多个视图，可对视图执行 DROP VIEW 命令，基本语法格式如下：

```
DROP VIEW  [ schema_name . ] view_name [ …,n ]
```

其中，schema_name 为视图所属架构的名称，view_name 为要删除的视图的名称。

【练 10】 删除视图 V_publish。

```
DROP  VIEW  V_publish
GO
```

6. 利用视图修改数据

当对通过视图看到的数据进行修改时，相应的基本表的数据也要发生变化，但并不是所有的视图都可以更新。同时，若基本表数据发生变化，则这种变化也可以自动反映到视图中。

要通过视图更新基本表数据，视图必须满足下列条件。

- 通过 INSERT 和 DELETE 语句操作视图时，视图都只能引用一个基表的列。
- 在视图中修改的列必须直接引用表列中的基础数据，它们不能通过其他方式派生。
- 被修改的列不受 GROUP BY、HAVING 或 DISTINCT 子句的影响。
- 同时指定 WITH CHECK OPTION 之后，就不能在视图的 select_statement 中的任何位置使用 TOP 了。

【练 11】 通过视图 V_student 向学生表中插入记录('0406332108','宋颖','女','数学','3210308')。

```
INSERT INTO V_student
VALUES('0406332108','宋颖','女','数学','3210308')
GO
```

执行完代码后，可以看到 student 表中多了一行刚插入的记录，如图 2.95 所示。

【练 12】 通过视图 V_student，将上例插入的记录中宋颖的系别由"数学"改为"英语"。

PC201609031935.library - dbo.student

	sno	sname	ssex	dept	cardno
	0306332101	王丹	女	机械	3210103
	0306332102	李海	男	机械	3210203
	0406331202	赵卓	男	英语	3120204
	0406332102	王冰诚	男	数学	3210204
	0406332103	章兵	男	计算机	3210304
	0406332104	刘杰	男	计算机	3210305
▶	0406332108	宋颖	女	数学	3210308
*	NULL	NULL	NULL	NULL	NULL

图 2.95　通过视图向基本表中插入数据

```
UPDATE  V_student
SET dept='英语'
WHERE sname='宋颖'
GO
```

【练 13】 通过视图 V_student，将前面添加的记录删除。

```
DELETE  FROM  V_student
WHERE  sname='宋颖'
GO
```

实验 8　索引的创建与管理

实验目的

(1) 掌握索引的概念及分类。
(2) 掌握创建、修改索引的方法。

实验内容

(1) 用集成环境和 Transact-SQL 语句创建索引。
(2) 索引的修改、删除。

相关知识与过程

1. 索引的概念

索引是与表或视图关联的磁盘上的结构，可以加快从表或视图中检索行的速度。索引包含由表或视图中的一列或多列生成的键。这些键存储在一个结构(B 树)中，使 SQL Server 可以快速有效地查找与键值关联的行。表 2.11 列出了 SQL Server 中可用的索引类型。

表 2.11 SQL Server 中可用的索引类型

索引类型	说　明
聚集索引	聚集索引基于聚集索引键按顺序排列和存储表或视图中的数据行。聚集索引按 B 树索引结构实现。B 树索引结构支持基于聚集索引键值对行进行快速检索
非聚集索引	既可以使用聚集索引为表或视图定义非聚集索引,也可以根据堆来定义非聚集索引。非聚集索引中的每个索引行都包含非聚集键值和行定位符。此定位符指向聚集索引或堆中包含该键值的数据行。索引中的行按索引键值的顺序存储,但是不保证数据行按任何特定顺序存储,除非对表创建聚集索引
唯一索引	唯一索引确保索引键不包含重复的值,因此,表或视图中的每行在某种程度上是唯一的。 聚集索引和非聚集索引都可以是唯一索引
包含列索引	一种非聚集索引,它扩展后不仅包含键列,还包含非键列
索引视图	视图的索引将具体化(执行)视图,并将结果集永久存储在唯一的聚集索引中,而且其存储方法与带聚集索引的表的存储方法相同。创建聚集索引后,可以为视图添加非聚集索引
全文索引	一种特殊类型的基于标记的功能性索引,由 Microsoft SQL Server 全文引擎生成和维护,用于帮助在字符串数据中搜索复杂的词
空间索引	利用空间索引,可以更高效地对 geometry 数据类型的列中的空间对象(空间数据)执行某些操作。空间索引可减少需要应用开销相对较大的空间操作的对象数
筛选索引	一种经过优化的非聚集索引,尤其适用于涵盖从定义完善的数据子集中选择数据的查询。筛选索引使用筛选谓词对表中的部分行进行索引。与全表索引相比,设计良好的筛选索引可以提高查询性能,减少索引维护开销,并可降低索引存储开销
XML 索引	XML 数据类型列中 XML 二进制大型对象(BLOB)的已拆分持久表示形式

在数据库表上设计索引时,应考虑以下常用的基本原则。

- 一个表创建大量索引,会影响 INSERT、UPDATE 和 DELETE 语句的性能。
- 若表的数据量大,对表数据的更新较少而查询较多,可以创建多个索引来提升性能。
- 当视图包含聚合、表连接或两者的组合时,在视图上创建索引可以显著地提升性能。
- 可以对唯一列或非空列创建聚集索引。每个表只能创建一个聚集索引。
- 在包含大量重复值的列上创建索引,查询的时间会较长。
- 若查询语句中存在计算列,则可考虑对计算列值创建索引。
- 索引大小的限制,最大键列数为 16,最大索引键大小为 900B。在实际创建时,一定要考虑此限制。

2. 创建索引

可以用 SQL Server Management Studio 来创建索引,也可以用 Transact-SQL 语句来创建索引。

1）使用 SQL Server Management Studio 创建索引

【练 1】　为 student 表的 sno 字段创建聚集唯一性降序索引 C_student。

操作步骤如下。

（1）启动 SQL Server Management Studio，在对象资源管理器中，展开数据库 library，再展开"表"项，选择 student 表并展开，右击"索引"项，从弹出的快捷菜单中选择 "新建索引"命令。

（2）在弹出的"新建索引"窗口中，默认是"常规"选项页界面，输入索引的名字 C_ student，在"索引类型"后的下拉列表框中选择"聚集"，勾选"唯一"复选框，如图 2.96 所示。

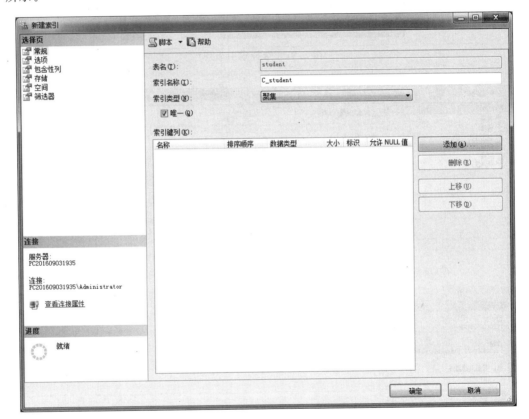

图 2.96　新建索引的"常规"选项页

（3）单击"添加"按钮，弹出如图 2.97 所示的"选择索引表列"窗口，勾选 sno。

（4）单击"确定"按钮，回到"新建索引"窗口，在"索引键列"下的"排序顺序"下拉列表框中选"降序"项，如图 2.98 所示。

（5）在左边的其他选项页中还可以进行其他设置，设置完成后，单击"确定"按钮，就完成了索引的创建。展开 student 表下面的"索引"项，就能看到创建的索引名称 C_ student。

2）使用 Transact-SQL 语句创建索引

可以利用 CREATE INDEX 命令来创建索引，其常用语法格式如下。

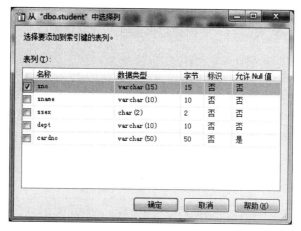

图 2.97　选择索引表列

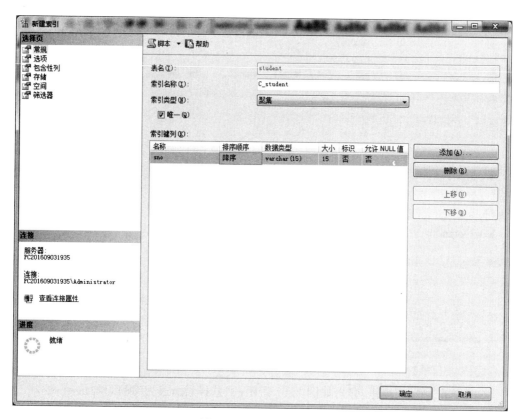

图 2.98　设置排序顺序

```
CREATE [ UNIQUE ] [ CLUSTERED | NONCLUSTERED ] INDEX index_name
    ON
    [ database_name. [ owner_name ] . | owner_name. ]
        table_or_view_name(column [ ASC | DESC ] [ ,…n ])
    [ ON {filegroup_name | default }]
```

各参数功能如下。

UNIQUE：为表或视图创建唯一索引。唯一索引不允许两行具有相同的索引键值。视图的聚集索引必须唯一。

CLUSTERED：创建索引时,键值的逻辑顺序决定表中对应行的物理顺序。聚集索引的底层(或称叶级别)包含该表的实际数据行。一个表或视图只允许同时有一个聚集索引。如果没有指定 CLUSTERED,则创建非聚集索引。

NONCLUSTERED：创建一个指定表的逻辑排序的索引。对于非聚集索引,数据行的物理排序独立于索引排序。

index_name：索引的名称。索引名称在表或视图中必须唯一,但在数据库中不必唯一。索引名称必须符合标识符的命名规则。

table_or_view_name：要为其建立索引的表或视图的名称。

column：索引基于的一列或多列。指定两个或多个列名,可为指定列的组合值创建组合索引。

ASC | DESC：确定特定索引列的升序或降序排列方向,默认值为 ASC。

ON filegroup_name：为指定文件组创建指定索引。如果未指定位置且表或视图尚未分区,则索引将与基础表或视图使用相同的文件组。该文件组必须已存在。

ON default：为默认文件组创建指定索引。

【练2】 为 student 表的 cardno 字段创建聚集唯一性降序索引 C_student_2。

```
CREATE UNIQUE CLUSTERED INDEX C_student_2
ON   student(cardno DESC)
GO
```

【练3】 为 author 表的 aname 字段和 asex 字段创建非聚集唯一性升序索引 NC_author。

```
CREATE UNIQUE NONCLUSTERED INDEX NC_author
ON   author(aname, asex)
GO
```

3. 索引的修改

修改索引可以利用 SQL Server Management Studio 来完成,也可以利用 Transact-SQL 语句来完成。

1) 使用 SQL Server Management Studio 修改索引

【练4】 修改索引 C_student,设置填充因子为 60%。

操作步骤如下。

(1) 启动 SQL Server Management Studio,在对象资源管理器中,展开数据库 library,展开"表"项,再展开数据表 student 下的"索引"项,右击 C_student,从弹出的快捷菜单中选择"属性"命令,弹出"索引属性"窗口。

(2) 在"索引属性"窗口里选择左边的"选项"页,选中"设置填充因子"和"填充索引"复选框,并在"设置填充因子"后面的框里填上 60,如图 2.99 所示。

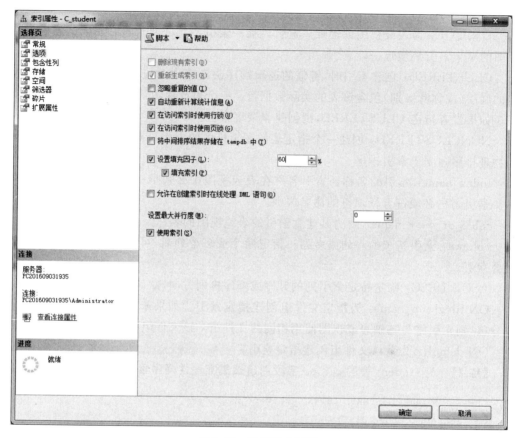

图 2.99　设置填充因子

（3）单击"确定"按钮，完成索引的修改。

2）使用 Transact-SQL 语句修改索引

可以使用 ALTER INDEX 来修改索引，语法格式如下：

```
ALTER INDEX{ index_name | ALL }
    ON [ database_name. [ schema_name ] . | schema_name. ]
        table_or_view_name
    { REBUILD
        [ [PARTITION=ALL]
          [ WITH(<rebuild_index_option>[ ,…n ])]
          |[ PARTITION=partition_number
          [ WITH(<single_partition_rebuild_index_option>
          [ ,…n ])]]]
    | DISABLE
    | REORGANIZE
      [ PARTITION=partition_number ]
        [ WITH(LOB_COMPACTION={ ON | OFF })]
    | SET(<set_index_option>[ ,…n ])
```

```
}
```

部分参数功能如下。

index_name：索引的名称。索引名称在表或视图中必须唯一。

ALL：指定与表或视图相关联的所有索引，而不考虑是什么索引类型。

table_or_view_name：建立索引的表或视图的名称。

REBUILD [WITH(＜rebuild_index_option＞ [,…n])]：指定将使用相同的列、索引类型、唯一性属性和排序顺序重新生成索引。

PARTITION：指定只重新生成或重新组织索引的一个分区。如果 index_name 不是已分区索引，则不能指定 PARTITION。PARTITION＝ALL 重新生成所有分区。

DISABLE：将索引标记为已禁用，从而不能由数据库引擎使用。

【练5】　修改索引 C_student，设置填充因子为 30％。

```
ALTER INDEX C_student ON  student
REBUILD
WITH (FILLFACTOR=30)
GO
```

4. 索引的删除

删除索引可以利用 SQL Server Management Studio 来完成，也可以利用 Transact-SQL 语句来完成。

1）使用 SQL Server Management Studio 删除索引

【练6】　删除索引 C_student。

操作步骤如下。

（1）启动 SQL Server Management Studio，在对象资源管理器中，展开数据库 library，展开"表"项，再展开数据表 student 下的"索引"项，右击 C_student，从弹出的快捷菜单中选择"删除"命令，弹出"删除对象"窗口，如图 2.100 所示。

（2）在"删除对象"窗口中会显示要删除的索引，单击"确定"按钮，就完成了索引的删除。

2）使用 Transact-SQL 语句删除索引

要删除索引，可使用 DROP INDEX 命令，其简单语法格式如下：

```
DROP INDEX index_name ON [ database_name. [ schema_name ] . | schema_name. ]
       table_or_view_name
```

各参数的功能如下。

index_name：要删除的索引名称。

database_name：数据库的名称。

schema_name：该表或视图所属架构的名称。

table_or_view_name：与该索引关联的表或视图的名称。

【练7】　删除索引 NC_author。

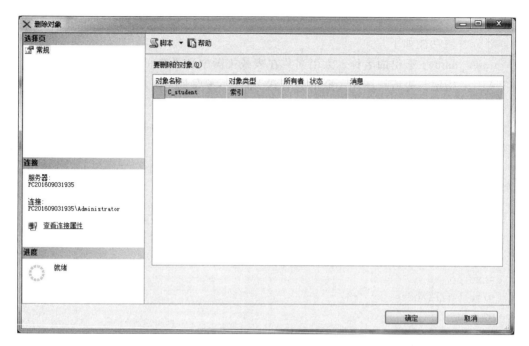

图 2.100　删除索引

```
DROP  INDEX  NC_author  ON  author
GO
```

实验 9　存储过程的创建与管理

实验目的

（1）掌握存储过程的概念。
（2）掌握创建、管理存储过程的方法。

实验内容

（1）用集成环境和 Transact-SQL 语句创建存储过程。
（2）存储过程的执行。
（3）带参数的存储过程的建立与执行。
（4）存储过程的修改和删除。

相关知识与过程

1. 存储过程的概念

存储过程是一组预先编译好的、没有语法错误的、具有特定功能的 Transact- SQL 语句的集合。存储过程可以作为一个独立的数据库对象,也可以作为一个单元被用户应用程序、其他过程或触发器来调用执行。存储过程是通过用户、其他过程或触发器来调用执行的。

2. 使用存储过程的优点

在 SQL Server 中使用存储过程而不使用存储在客户端计算机本地的 Transact-SQL 程序的好处如下。

- 存储过程已在服务器注册。
- 存储过程具有安全特性(如权限)和所有权连接,以及可以附加到它们的证书。用户可以被授予权限来执行存储过程,而不必直接对存储过程中引用的对象具有权限。
- 存储过程可以强制应用程序的安全性。参数化存储过程有助于保护应用程序不受 SQL Injection 攻击。
- 存储过程允许模块化程序设计。存储过程一旦创建,以后即可在程序中调用任意多次。这可以改进应用程序的可维护性,并允许应用程序统一访问数据库。
- 存储过程是命名代码,允许延迟绑定。这提供了一个用于简单代码演变的间接级别。
- 存储过程可以减少网络通信流量。一个需要数百行 Transact-SQL 代码的操作可以通过一条执行过程代码的语句来执行,而不需要在网络中发送数百行代码。

3. 存储过程的分类

Microsoft SQL Server2008 R2 中有如下几类可用的存储过程。

- 用户定义的存储过程:用户可以根据实际需要,自己创建存储过程。在 SQL Server 2008 R2 中,用户存储过程有两种类型:Transact-SQL 或 CLR。
- 护展存储过程:扩展存储过程是指 Microsoft SQL Server 的实例可以动态加载和运行的 DLL。扩展存储过程直接在 SQL Server 实例的地址空间中运行,可以使用 SQL Server 扩展存储过程 API 完成编程。后续版本的 Microsoft SQL Server 将删除该功能。
- 系统存储过程:SQL Server 中的许多管理活动都是通过一种特殊的存储过程执行的,这种存储过程被称为系统存储过程。从物理意义上讲,系统存储过程存储在源数据库中,并且带有 sp_前缀。从逻辑意义上讲,系统存储过程出现在每个系统定义数据库和用户定义数据库的 sys 构架中。在 SQL Server 2008 R2 中,可将 GRANT、DENY 和 REVOKE 权限应用于系统存储过程。

4. 存储过程的创建

存储过程可以利用 SQL Server Management Studio 来创建,也可以利用 Transact-SQL 语句来创建。

1）使用 SQL Server Management Studio 创建存储过程

【练1】 创建一个简单的存储过程 Proc1，用来查看 student 数据表的全部内容。

操作步骤如下：

（1）启动 SQL Server Management Studio，在对象资源管理器中，展开数据库 library，展开"可编程性"项，右击"存储过程"，从弹出的快捷菜单中选择"新建存储过程"命令，弹出"创建存储过程模板"窗口，如图 2.101 所示。

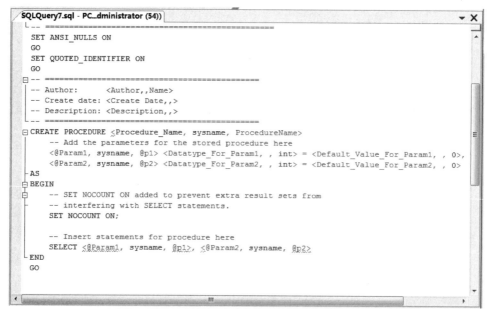

图 2.101　创建存储过程模板

（2）选择"查询"菜单中的"指定模板参数的值"命令，在弹出的"指定模板参数的值"对话框中，在 Procedure_Name 后面的文本框中输入存储过程的名字 Proc1，如图 2.102 所示。

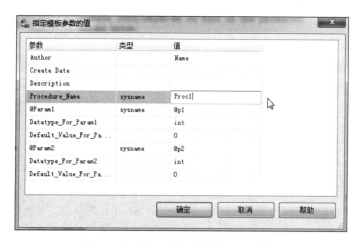

图 2.102　"指定模板参数的值"对话框

（3）单击"确定"按钮，回到代码编辑窗口，窗口中的绿色代码是用来注释的，删除 CREATE PROCEDURE Proc1 和 END 之间的无关代码，输入对 student 表的查询代码，如图 2.103 所示。当然，指定存储过程的名字也可以直接在代码窗口里完成。

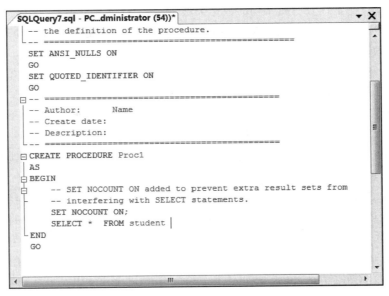

图 2.103　输入有关代码

（4）单击工具栏中的"！执行(×)"按钮，命令就会执行，生成的存储过程保存在数据库中。刷新"可编程性"下的"存储过程"项，就能看到刚创建的存储过程名字 Proc1。

2）使用 Transact-SQL 语句创建存储过程

只能在当前数据库中创建存储过程，可使用 CREATE PROCEDURE 命令进行创建，其语法格式如下：

```
CREATE{ PROC | PROCEDURE } [schema_name.] procedure_name [ ; number ]
    [ { @parameter [ type_schema_name. ] data_type }
        [ VARYING ] [=default ] [ OUT | OUTPUT ] [READONLY]
    ][ ,…n ]
[ WITH    {[ ENCRYPTION ]|[ RECOMPILE ]}]
[ FOR REPLICATION ]
AS{ <sql_statement>[;][ …n ]
    <sql_statement>::=
{ [ BEGIN ] statements [ END ] }
```

各参数的功能如下。

schema_name：过程所属架构的名称。

procedure_name：新存储过程的名称。过程名称必须遵循有关标识符的命名规则，并且在架构中必须唯一。

;number：是可选整数，用于对同名的过程分组。使用一个 DROP PROCEDURE 语句可将这些分组过程一起删除。

@ parameter：过程中的参数。在 CREATE PROCEDURE 语句中可以声明一个或多个参数。除非定义了参数的默认值或者将参数设置为等于另一个参数，否则用户必须在调用过程时为每个声明的参数提供值。存储过程最多可以有 2100 个参数。

data_type：参数以及所属架构的数据类型。

VARYING：指定作为输出参数支持的结果集。该参数由存储过程动态构造，其内容可能发生改变，仅适用于 cursor 参数。

default：参数的默认值。如果定义了 default 值，则无须指定此参数的值即可执行过程，默认值必须是常量或 NULL。

OUTPUT：指示参数是输出参数。此选项的值可以返回给调用 EXECUTE 的语句。使用 OUTPUT 参数将值返回给过程的调用方。

READONLY：指示不能在过程的主体中更新或修改参数。如果参数类型为用户定义的表类型，则必须指定 READONLY。

RECOMPILE：指示数据库引擎不缓存该过程的计划，该过程在运行时编译。

ENCRYPTION：指示 SQL Server 将 CREATE PROCEDURE 语句的原始文本转换为模糊格式。模糊代码的输出在 SQL Server 的任何目录视图中都不能直接显示。

【练2】 创建一个存储过程 Proc_bookinfo，查看 author 表中的作者在编号为 1001 的出版社出版的图书信息，包括 bookid、bname、authorid、pubid 以及 pdate。

```
USE  library
GO
CREATE  PROCEDURE  Proc_bookinfo
AS
  SELECT  bookid, bname,bookinfo.authorid,pubid,pdate
  FROM  author  INNER  JOIN  bookinfo
  ON  author.authorid=bookinfo.authorid
  WHERE  pubid='1001'
GO
```

【练3】 创建一个存储过程 Proc_stu，查询学生的借书信息，结果集中包括学生的所有信息、bname、pubid、pdate、price。

```
USE  library
GO
CREATE  PROCEDURE  Proc_stu
AS
  SELECT  student.*,bname,pubid,pdate,price
  FROM  student  INNER JOIN  lending  ON
      student.cardno=lending.cardno  INNER  JOIN  bookinfo
      ON  lending.bookid=bookinfo.bookid
GO
```

5. 存储过程的执行

可以利用 SQL Server Management Studio 来执行存储过程，也可以利用 Transact-

SQL 语句来执行。

1）使用 SQL Server Management Studio 执行存储过程

【练 4】　执行存储过程 Proc1。

操作步骤如下。

（1）启动 SQL Server Management Studio，在对象资源管理器中，展开数据库 library，展开"可编程性"项下的"存储过程"，右击存储过程名称 Proc1，从弹出的快捷菜单中选择"执行存储过程"命令，弹出"执行过程"窗口。

（2）单击窗口中的"确定"按钮，就出现了执行结果。可以看到执行存储过程后的窗口上面部分自动产生了执行存储过程的代码，中间是结果，最下面是执行存储过程的返回值，如图 2.104 所示。需要指出的是，这种方法执行带参数的存储过程时，需要在"执行过程"窗口给定输入参数的值。若修改了上面的执行代码，要再次执行存储过程，只单击工具栏中的"！"按钮即可。

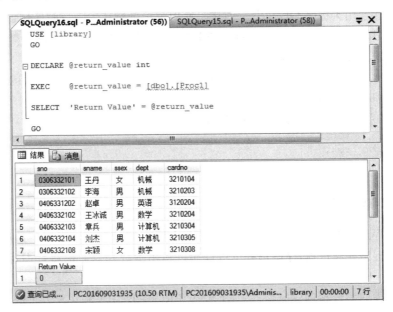

图 2.104　执行存储过程后的窗口

2）使用 Transact-SQL 语句执行存储过程

如果对存储过程的调用是批处理的第一条语句，则可以直接使用存储过程的名字调用这个存储过程；若批处理中对存储过程的调用不是第一个语句，则应使用 EXECUTE 或 EXEC 关键字执行存储过程。其语法格式如下：

```
[ { EXEC | EXECUTE } ]
{ [ @ return_status= ]
  { procedure_name [ ;number ] }
    [ [ @ parameter= ] { value | @ variable [ OUTPUT ] | [ DEFAULT ] } ]
  [ ,…n ]
  [ WITH RECOMPILE ]
```

```
}[;]
```

各参数的功能如下。

@return_status：可选的整型变量，用于保存存储过程的返回状态。这个变量在用EXECUTE 语句前，必须在批处理、存储过程或函数中声明过。

procedure_name：要调用的存储过程的名字。

;number：是可选整数，用于对同名的过程分组。该参数不能用于扩展存储过程。

@parameter：过程参数，在 CREATE PROCEDURE 语句中定义。参数名称前必须加上符号@。

value：过程中参数的值。如果参数名称没有指定，参数值必须以在 CREATE PROCEDURE 语句定义的顺序提供。

@variable：是用来存储参数或返回参数的变量。

OUTPUT：指定过程或命令字符串返回一个参数。该过程或命令字符串中的匹配参数也必须已使用关键字 OUTPUT 创建。使用游标变量作为参数时使用该关键字。

DEFAULT：根据过程的定义，提供参数的默认值。当过程需要的参数值没有定义默认值并且缺少参数或指定了 DEFAULT 关键字，就会出现错误。

WITH RECOMPILE：执行过程后，强制编译、使用和放弃新计划。如果该过程存在现有查询计划，则该计划将保留在缓存中。

【练5】 执行存储过程 Proc_bookinfo。

```
EXEC  Proc_bookinfo
GO
```

6. 使用存储过程的参数

存储过程通过参数与调用它的程序通信。在程序调用存储过程时，可以通过输入参数将数据传递给存储过程，存储过程也可以通过输出参数和返回值将数据返回给调用它的程序。

存储过程的参数在创建时应在 CREATE PROCEDURE 和 AS 之间定义，每个参数都要指定参数名和数据类型，参数名必须以@符号开头，可以为参数指定默认值。如果是输出参数，则应用 OUTPUT 定义，各参数之间用逗号隔开。具体语法如下：

```
@parameter_name  data_type[=default] [OUTPUT]
```

1) 使用输入参数

【练6】 创建一个存储过程 Proc_bookinfo2，使用输入参数，查看 author 表中的作者在指定编号的出版社出版的图书信息，包括 bookid、bname、authorid、pubid 以及 pdate。

```
USE library
GO
CREATE  PROCEDURE  Proc_bookinfo2
@pub  char(20)
AS
```

```
  SELECT  bookid, bname, bookinfo.authorid,pubid,pdate
  FROM  author  INNER JOIN  bookinfo
  ON  author.authorid=bookinfo.authorid
  WHERE  pubid=@pub
GO
```

本例中,@pub 是一个输入参数,执行带有输入参数的存储过程时,有两种传递参数的方式。

(1) 按位置传递。

这种方式在执行存储过程的语句中直接给出参数的值。当有多个参数时,给出的参数的顺序要与创建存储过程时语句中的参数顺序一致。例如,执行本例创建的存储过程代码:

```
EXEC Proc_bookinfo2  '1001'
```

执行结果如图 2.105 所示。

	bookid	bname	authorid	pubid	pdate
1	1001	ASP.NET高级编程	10005	1001	2005-05-01 00:00:00
2	1003	C++基础教程	10005	1001	2003-04-05 00:00:00
3	1004	无线XML开发人员指南	10009	1001	2002-05-12 00:00:00
4	1005	ASP.NET实用案例教程	10005	1001	2001-12-21 00:00:00
5	1006	JavaScript网页编程案例教程	10001	1001	2003-04-05 00:00:00
6	1007	用J2EE和UML开发Java企业级应用程序	10002	1001	2001-12-21 00:00:00
7	1009	VB.NET入门经典	10003	1001	2001-12-21 00:00:00
8	1010	XML编程技术大全	10005	1001	2003-04-05 00:00:00

图 2.105　执行结果

(2) 通过参数名传递。

这种方式是在执行存储过程的语句中,使用"参数名=参数值"的形式给出参数值。这样做的好处是参数可以以任意顺序给出。例如,执行本例创建的存储过程代码:

```
EXEC  Proc_bookinfo2  @pub='1001'
```

2) 使用默认参数

执行上例创建的存储过程时,如果没有指定参数,则运行就会出错。如果希望不给出参数也能够正确执行,则可以在创建存储过程时给出参数的默认值来实现。

【练 7】 创建一个存储过程 Proc_bookinfo3,使用输入参数并给定出版社编号默认值 1008,查看 author 中的作者在指定编号的出版社出版的图书信息,包括 bookid、bname、authorid、pubid 以及 pdate。

```
USE library
GO
CREATE PROCEDURE Proc_bookinfo3
@pub  char(20)='1008'
AS
  SELECT  bookid, bname,bookinfo.authorid,pubid,pdate
```

```
FROM  author  INNER JOIN  bookinfo
ON  author.authorid=bookinfo.authorid
WHERE  pubid=@pub
GO
```

此例中,输入参数@pub 有了默认值 1008,因此在执行存储过程时,不给参数值,程序也能正常执行,若想查询别的出版社的相关信息,在执行存储过程时给定具体的参数值就可以了。执行存储过程的代码如下:

```
EXEC Proc_bookinfo3
```

或

```
EXEC Proc_bookinfo3 '1001'
```

前者查询到的是 author 表中的作者在编号为 1008 的出版社出版的图书相关信息,而后者查询到的是 author 表中的作者在编号为 1001 的出版社出版的图书信息。

3) 使用输出参数

通过定义输出参数,可以从存储过程中返回一个或多个值。定义输出参数需要在参数定义后使用 OUTPUT 关键字。

【练 8】 创建一个存储过程 Proc_booknumber,使用输入参数并给出了出版社默认值"高等教育出版社",同时使用输出参数,返回指定出版社出版的图书数量。

```
USE library
GO
CREATE  PROCEDURE  Proc_booknumber
@pub  char(20)='高等教育出版社',
@sum  int  OUTPUT
AS
  SELECT @sum=count(classid)
  FROM publish INNER JOIN bookinfo
ON publish.pubid=bookinfo.pubid
  WHERE pname=@pub
GO
```

此例中有两个参数:@pub 为输入参数,用于指定要查询的出版社名称,默认参数值为"高等教育出版社";@sum 为输出参数,用来返回该出版社出版的图书总数。

为了接收某一存储过程的返回值,需要一个变量来存放返回参数的值,在该存储过程的调用语句中,必须为这个变量加上 OUTPUT 关键字进行声明。执行本例存储过程的代码如下:

```
DECLARE @number  int
EXEC  Proc_booknumber  '人民邮电出版社',@number  OUTPUT
SELECT  '该出版社出版的图书总数为:'+str(@number)
```

运行结果如图 2.106 所示。

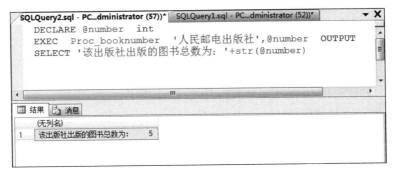

图 2.106　执行带输出参数的存储过程

7. 存储过程的修改

若要对创建的存储过程进行修改,可以利用 SQL Server Management Studio 来进行,也可以利用 Transact-SQL 语句来进行。

1) 使用 SQL Server Management Studio 修改存储过程

【练 9】　修改存储过程 Proc_bookinfo3,将默认值改为 1006。

操作步骤如下:

(1) 启动 SQL Server Management Studio,在对象资源管理器中,展开数据库 library,展开"可编程性"项下的"存储过程"项,右击存储过程名称 Proc_bookinfo3,从弹出的快捷菜单中选择"修改"命令。

(2) 在弹出的查询编辑窗口中,出现了存储过程的源代码。可以看到,在代码中,系统自动添加了一些在创建存储过程时自己并没有输进去的代码。将代码中的默认值 1008 改成 1006,如图 2.107 所示。

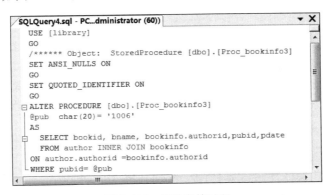

图 2.107　修改存储过程

(3) 单击工具栏中的"!执行(×)"按钮,就完成了修改操作。

2) 使用 Transact-SQL 语句修改存储过程

使用 ALTER PROCEDURE 命令可以修改存储过程,其语法格式如下:

```
ALTER{ PROC | PROCEDURE } [schema_name.] procedure_name [ ; number ]
```

```
    [ { @parameter [ type_schema_name. ] data_type }
    [ VARYING ] [=default ] [ [ OUT [ PUT ]]
    ] [ ,…n ]
[ WITH  {[ ENCRYPTION ] | [ RECOMPILE ]}]
[ FOR REPLICATION ]
AS
  { <sql_statement>[ ,…n ] }
```

各参数的功能和 CREATE PROCEDURE 语句中的参数功能一样。

【练 10】 修改存储过程 Proc_booknumber,将默认值改为"电子工业出版社"。

```
ALTER PROCEDURE Proc_booknumber
@pub   char(20)='电子工业出版社',
@sum   int   OUTPUT
AS
  SELECT @sum=count(classid)
  FROM publish INNER JOIN bookinfo
  ON publish.pubid=bookinfo.pubid
  WHERE publish.pname=@pub
GO
```

8. 存储过程的删除

要删除存储过程,可以利用 SQL Server Management Studio 来进行,也可以利用 Transact-SQL 语句来进行。

1) 使用 SQL Server Management Studio 删除存储过程

【练 11】 删除存储过程 Proc_bookinfo3。

操作步骤如下。

(1) 启动 SQL Server Management Studio,在对象资源管理器中,展开数据库 library,展开"可编程性"项下的"存储过程",右击存储过程名称 Proc_bookinfo3,在弹出的快捷菜单中选择"删除"命令,弹出"删除对象"窗口,如图 2.108 所示。

(2) 在"删除对象"窗口中,会显示要删除的存储过程,单击"确定"按钮,就完成了存储过程的删除。

2) 使用 Transact-SQL 语句删除存储过程

可以使用 DROP PROCEDURE 语句从当前数据库中删除一个或多个存储过程或过程组。其语法格式如下:

```
DROP{ PROC | PROCEDURE } { [ schema_name. ] procedure } [ ,…n]
```

各参数的功能如下。

schema_name:过程所属架构的名称。不能指定服务器名称或数据库名称。

procedure:要删除的存储过程或存储过程组的名称。

【练 12】 删除存储过程 Proc_booknumber。

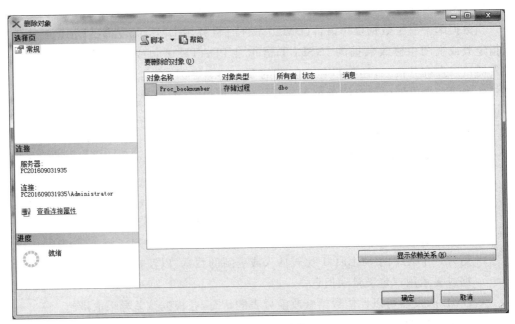

图 2.108　删除存储过程

```
DROP  PROCEDURE  Proc_booknumber
GO
```

实验 10　触发器的创建与管理

实验目的

（1）掌握触发器的概念。
（2）掌握创建、管理触发器的方法。

实验内容

（1）用集成环境和 Transact-SQL 语句创建触发器。
（2）触发器的修改和删除。

相关知识与过程

1. 触发器的概念

触发器是一种特殊的存储过程，它不能被显示式地调用，而是在对表进行插入、更新或删除操作时被触发执行。触发器可以用来对表实施复杂的完整性约束，防止对数据的不正确操作。

SQL Server 包括 3 种常规类型的触发器：DML 触发器、DDL 触发器和登录触发器。

1）DML 触发器

当数据库中发生数据操作语言（DML）事件时将调用 DML 触发器。DML 事件包括在指定表或视图中修改数据的 INSERT 语句、UPDATE 语句或 DELETE 语句。DML 触发器可以查询其他表，还可以包含复杂的 Transact-SQL 语句。将触发器和触发它的语句作为可在触发器内回滚的单个事务对待。如果检测到错误（如磁盘空间不足），则整个事务自动回滚。

DML 触发器在以下方面非常有用。

- DML 触发器可通过数据库中的相关表实现级联更改。不过，通过级联引用完整性约束可以更有效地进行这些更改。
- DML 触发器可以防止恶意或错误的 INSERT、UPDATE 以及 DELETE 操作，并强制执行比 CHECK 约束定义的限制更复杂的其他限制。
- 与 CHECK 约束不同，DML 触发器可以引用其他表中的列。例如，触发器可以使用另一个表中的 SELECT 比较插入或更新的数据，以及执行其他操作，如修改数据或显示用户定义错误信息。
- DML 触发器可以评估数据修改前后表的状态，并根据该差异采取措施。
- 一个表中的多个同类 DML 触发器（INSERT、UPDATE 或 DELETE）允许采取多个不同的操作来响应同一个修改语句。

DML 触发器分为以下两类。

- AFTER 触发器：在执行了 INSERT、UPDATE 或 DELETE 语句操作之后执行 AFTER 触发器。指定 AFTER 与指定 FOR 相同，它是 Microsoft SQL Server 早期版本中唯一可用的选项。AFTER 触发器只能在表上指定。
- INSTEAD OF 触发器：执行 INSTEAD OF 触发器代替通常的触发动作。还可为带有一个或多个基表的视图定义 INSTEAD OF 触发器，而这些触发器能够扩展视图可支持的更新类型。

2）DDL 触发器

像常规触发器一样，DDL 触发器将激发存储过程，以响应事件。但与 DML 触发器不同的是，它们不会为响应针对表或视图的 UPDATE、INSERT 或 DELETE 语句而激发。相反，它们将为了响应各种数据定义语言（DDL）事件而激发。这些事件主要与以关键字 CREATE、ALTER 和 DROP 开头的 Transact-SQL 语句对应。执行 DDL 式操作的系统存储过程也可以激发 DDL 触发器。

DDL 触发器可用于管理任务，如审核和控制数据库操作。如果要执行以下操作，可使用 DDL 触发器。

- 要防止对数据库架构进行某些更改。
- 希望数据库中发生某种情况，以响应数据库架构中的更改。
- 要记录数据库架构中的更改或事件。

仅在运行触发 DDL 触发器的 DDL 语句后，DDL 触发器才会激发。DDL 触发器无法作为 INSTEAD OF 触发器使用。

3）登录触发器

登录触发器将为响应 LOGON 事件而激发存储过程。与 SQL Server 实例建立用户会话时将引发此事件。登录触发器将在登录的身份验证阶段完成之后且用户会话实际建立之前激发。因此，来自触发器内部且通常将到达用户的所有消息（如错误消息和来自 PRINT 语句的消息）会传送到 SQL Server 错误日志。如果身份验证失败，将不激发登录触发器。

可以使用登录触发器来审核和控制服务器会话，如通过跟踪登录活动限制 SQL Server 的登录名或限制特定登录名的会话数。

在创建触发器之前，应考虑以下几点。

（1）CREATE TRIGGER 语句必须是批处理中的第一个语句，而且只能用于一个表或视图。

（2）创建触发器的权限默认分配给表的所有者，且不能将该权限转给其他用户。

（3）触发器可以引用当前数据库以外的对象，但只能在当前数据库中创建触发器。

（4）不能在临时表或系统表上创建触发器，但是触发器可以引用临时表。不应引用系统表，而应使用信息架构视图。

（5）在含有用 DELETE 或 UPDATE 操作定义的外键的表中，不能定义 INSTEAD OF 和 INSTEAD OF UPDATE 触发器。

（6）TRUNCATE TABLE 语句虽然在功能上与 DELETE 操作的功能类似，但是 TRUNCATE TABLE 不会触发 DELETE 触发器执行。因为 TRUNCATE TABLE 语句没有日志记录。

2. 触发器的创建

可以利用 SQL Server Management Studio 来创建触发器，也可以利用 Transact-SQL 语句来创建触发器。

1）使用 SQL Server Management Studio 创建触发器

【练 1】　为 student 表创建触发器 Trig1，当对 student 表进行更新时，触发显示该表的全部信息。

操作步骤如下。

（1）启动 SQL Server Management Studio，在对象资源管理器中，展开数据库 library，展开"表"项，再展开 student 表，右击"触发器"项，在弹出的快捷菜单中选择"新建触发器"命令，弹出"新建触发器"模板，如图 2.109 所示。

（2）选择"查询"菜单中的"指定模板参数的值"命令，在弹出的"指定模板参数的值"对话框中，在 Trigger_Name 后面的文本框中输入触发器的名字 Trig1。

（3）单击"确定"按钮，回到代码编辑窗口，在 CREATE TRIGGER 后输入相关代码，如图 2.110 所示。

（4）单击工具栏中的"！执行(×)"按钮，执行命令，就生成了触发器。展开 student 表下的"触发器"项，就能看到刚创建的触发器名字 Trig1。

下面在查询分析器中对 student 表进行更新操作，输入以下代码。

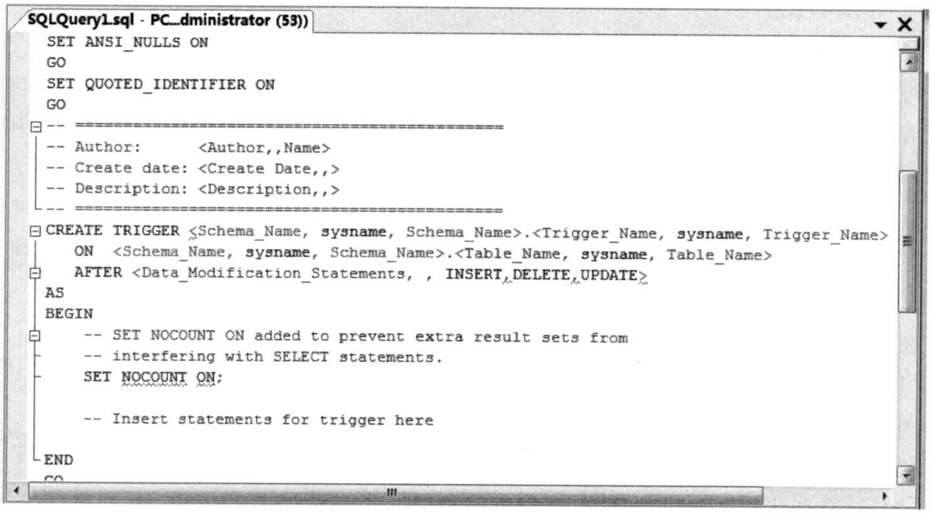

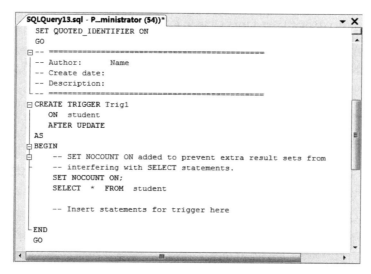

图 2.109　"新建触发器"模板

图 2.110　输入相关代码

```
UPDATE student  SET  dept='化学'  where sname='王丹'
```

单击工具栏中的"!执行(×)"按钮,因为对表 student 进行了 UPDATE 操作,所以激发触发器 Trig1 执行操作,显示了 student 表中的全部信息,如图 2.111 所示。

2) 利用 Transact-SQL 语句创建触发器

可以使用 CREATE TRIGGER 命令来创建触发器,其基本语法格式如下:

```
CREATE TRIGGER[ schema_name . ]trigger_name
ON{ table | view }
[ WITH  ENCRYPTION ]
{ FOR | AFTER | INSTEAD OF }
```

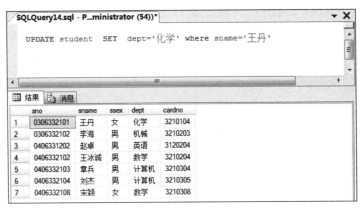

图 2.111   触发器被激发执行

```
{ [ INSERT ] [ , ] [ UPDATE ] [ , ] [ DELETE ] }
 [ NOT FOR REPLICATION ]
AS{ sql_statement  [ ,…n ]
```

各参数的功能如下。

schema_name：DML 触发器所属架构的名称。DML 触发器的作用域是为其创建该触发器的表或视图的架构。对于 DDL 或登录触发器,无法指定 schema_name。

trigger_name：触发器的名称。trigger_name 必须遵循标识符命名规则,但 trigger_name 不能以♯或♯♯开头。

table｜view：对其执行 DML 触发器的表或视图,有时称为触发器表或触发器视图。可以根据需要指定表或视图的完全限定名称。视图只能被 INSTEAD OF 触发器引用。不能对局部或全局临时表定义 DML 触发器。

WITH ENCRYPTION：对 CREATE TRIGGER 语句的文本进行模糊处理。使用 WITH ENCRYPTION 可以防止将触发器作为 SQL Server 复制的一部分进行发布。

FOR｜AFTER：AFTER 指定 DML 触发器仅在触发 SQL 语句中指定的所有操作都已成功执行时才被触发。所有的引用级联操作和约束检查也必须在激发此触发器之前成功完成。如果仅指定 FOR 关键字,则 AFTER 为默认值(即 FOR 和 AFTER 有同样的效果)。不能对视图定义 AFTER 触发器。

INSTEAD OF：指定执行 DML 触发器而不是触发 SQL 语句,因此,其优先级高于触发语句的操作。不能为 DDL 或登录触发器指定 INSTEAD OF。

[INSERT][,][UPDATE][,][DELETE]：指定数据修改语句,这些语句可在 DML 触发器对此表或视图进行尝试时激活该触发器。必须至少指定一个选项。在触发器定义中允许使用上述选项的任意顺序组合。

NOT FOR REPLICATION：指示当复制代理修改涉及触发器的表时,不应执行触发器。

sql_statement：触发条件和操作。触发器条件指定其他标准,用于确定尝试的 DML、DDL 或 logon 事件是否导致执行触发器操作。

【练 2】 为 publish 表创建一个触发器 Trig2,用来禁止更新 pubid 字段。

```
CREATE TRIGGER Trig2
ON publish
AFTER  UPDATE
AS
  IF  UPDATE(pubid)
    BEGIN
    RAISERROR('不能修改出版社编号!',12,3)
    ROLLBACK
    END
GO
```

若执行下列更新语句:

```
UPDATE publish SET pubid='1020' WHERE pname='科学出版社'
```

则提示"不能修改出版社编号",更新语句得不到执行,如图 2.112 所示。

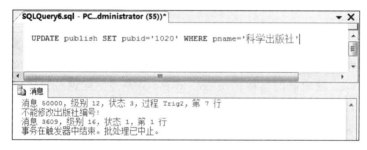

图 2.112　更新失败

【练 3】 为 author 表创建一个触发器 Trig3,用来防止删除籍贯为"北京"的作者。

```
CREATE TRIGGER Trig3
ON author
INSTEAD  OF  DELETE
AS
  IF  EXISTS(SELECT * FROM author  WHERE jiguan='北京')
    BEGIN
    RAISERROR('不能删除北京的作者!',12,3)
    ROLLBACK
    END
GO
```

此时,若执行以下删除语句:

```
DELETE FROM author WHERE jiguan='北京'
```

则提示"不能删除北京的作者!",删除语句得不到执行,如图 2.113 所示。

【练 4】 为 category 表创建一个触发器 Trig4,当对 category 表进行 INSERT、

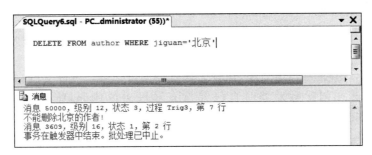

图 2.113　删除失败

UPDATE、DELETE 3 种操作中的任一种操作时，均显示 category 表的全部信息。

```
CREATE TRIGGER Trig4
ON category
FOR   INSERT,UPDATE,DELETE
AS
  SELECT * FROM category
GO
```

此时若对 category 表执行 INSERT、UPDATE、DELETE 3 种操作中的任一种操作时，均可显示 category 表的全部内容。如执行以下命令：

```
INSERT   INTO category VALUES(8,'软件工程')
```

则显示 category 表的全部内容（包括刚插入的记录），如图 2.114 所示。

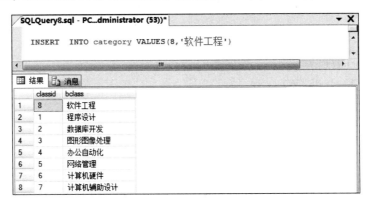

图 2.114　插入记录激发触发器执行

3. 触发器的修改

若对创建的触发器进行修改，可以利用 SQL Server Management Studio 进行，也可以利用 Transact-SQL 语句进行。

1）使用 SQL Server Management Studio 修改触发器

【练 5】　修改触发器 Trig2，用来禁止更新 pname 字段。

操作步骤如下。

（1）启动 SQL Server Management Studio，在对象资源管理器中，展开数据库 library，展开"表"项下的 publish 表，再展开"触发器"项，右击触发器名称 Trig2，在弹出的快捷菜单中选择"修改"命令。

（2）在弹出的查询编辑窗口中，出现了触发器的源代码。可以看到，在代码中，系统自动添加了一些在创建触发器时自己并没有输进去的代码，将代码中的 UPDATE (pubid)改成 UPDATE(pname)，如图 2.115 所示。

```
SQLQuery9.sql - PC...dministrator (56))*    SQLQuery8.sql - PC...dministrator (53))*
USE [library]
GO
/****** Object:  Trigger [dbo].[Trig2]    Script Date: 08/26/2017 16:04:
SET ANSI_NULLS ON
GO
SET QUOTED_IDENTIFIER ON
GO
ALTER TRIGGER [dbo].[Trig2]
ON [dbo].[publish]
AFTER   UPDATE
AS
  IF  UPDATE(pname)
      BEGIN
      RAISERROR('不能修改出版社编号!',12,3)
      ROLLBACK
      END
```

图 2.115　修改触发器

（3）单击工具栏中的"!执行(×)"按钮，就完成了修改操作。

2）使用 Transact-SQL 修改触发器

可以使用 ALTER TRIGGER 语句来修改触发器，其语法格式如下：

```
ALTER TRIGGER [ schema_name . ]trigger_name
ON{ table | view }
[ WITH  ENCRYPTION ]
{ FOR | AFTER | INSTEAD OF }
{ [ INSERT ] [ , ] [ UPDATE ] [ , ] [ DELETE ] }
 [ NOT FOR REPLICATION ]
AS{ sql_statement  [ ,…n ]
```

各参数的功能和 CREATE TRIGGER 语句中参数的功能是一样的。

【练 6】　修改触发器 Trig2，用来禁止更新 pubid 和 pname 字段。

```
ALTER TRIGGER Trig2
ON publish
AFTER   UPDATE
AS
  IF  UPDATE(pubid)  OR  UPDATE(pname)
    BEGIN
    RAISERROR('不能修改出版社编号和出版社名称!',12,3)
    ROLLBACK
    END
GO
```

4. 触发器的删除

要删除触发器,可以利用 SQL Server Management Studio 进行,也可以利用 Transact-SQL 语句进行。

1) 使用 SQL Server Management Studio 删除触发器

【练 7】 删除触发器 Trig1。

操作步骤如下。

(1) 启动 SQL Server Management Studio,在对象资源管理器中,展开数据库 library,展开"表"项下的 student 表,再展开"触发器"项,右击触发器名称 Trig1,在弹出的快捷菜单中选择"删除"命令,弹出"删除对象"窗口,如图 2.116 所示。

图 2.116 删除触发器

(2) 在"删除对象"窗口中,会显示要删除的触发器,单击"确定"按钮,就完成了触发器的删除。

2) 使用 Transact-SQL 删除触发器

可以使用 DROP TRIGGER 语句删除触发器。其语法格式如下:

```
DROP TRIGGER [schema_name.]trigger_name[,…n][;]
```

各参数的功能如下。

schema_name:DML 触发器所属架构的名称。DML 触发器的作用域是为其创建该触发器的表或视图的架构。对于 DDL 或登录触发器,无法指定 schema_name。

trigger_name:要删除的触发器的名称。

【练 8】 删除触发器 Trig2。

```
DROP  TRIGGER  Trig2
GO
```

第 2 部分

Oracle 11g 数据库
管理系统的管理与维护

第 3 章 Oracle 11g 的安装

Oracle 数据库软件支持的平台有 Windows、Linux、Solaris、HP-UX、AX 等 10 余种，拥有广泛和大量的应用案例。不同版本的 Oracle 数据库软件对系统的要求也不尽相同。本章主要介绍 Oracle 11g 的安装需求和安装过程。

3.1 安装前的准备

安装 Oracle 11g 之前，为了防止出现问题，了解一下 Oracle 11g 的系统安装需求是很有必要的。必须确保计算机具有足够的硬件和软件资源环境，以使安装顺利完成。

3.1.1 安装 Oracle 11g 的硬件和软件要求

根据应用程序的需要，安装要求会有所不同。不同版本的 Oracle 11g 能够满足单位和个人的不同需求。安装 Oracle 11g 的硬件和软件环境基本需求见表 3.1。

表 3.1 安装 Oracle 11g 的硬件和软件环境基本需求

项　　目	最 低 需 求
操作系统	Windows Server 2000 SP1 以上、Windows Server 2003、Windows Server 2008、Windows XP Professional、Windows Vista、Windows 7
网络配置	TCP/IP
浏览器	IE 6.0
CPU	最小为 550MHz，建议 1GHz 以上
物理内存	最小为 1GB
虚拟内存	物理内存的 2 倍左右
硬盘	NTFS，最小为 5GB
视频适配器	256 色
显示器	分辨率至少为 1024 像素×768 像素

3.1.2 Oracle 11g 安装软件的下载

Oracle 11g 的安装软件可以通过 Oracle 的官方网站下载，具体下载地址如下：
http://www.oracle.com/technetwork/database/enterprise-edition/downloads/index.html

下载步骤如下。

（1）打开链接后，进入下载页面，单击 Accept License Agreement 单选按钮，向下滑动鼠标滚轮，就能看到 Oracle Database 11g Release 2，再往下就能看到支持不同操作系统的 Oracle 11g 软件，如图 3.1 所示。

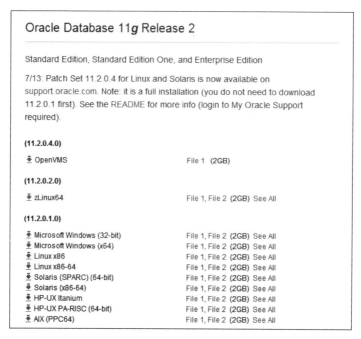

图 3.1　Oracle 11g 下载页面

（2）选择适合自己所需的 Oracle 11g 软件，单击右边的 See All 链接，进入新的页面，再次单击 Accept License Agreement 单选按钮，下面可以看到两个压缩包文件，如图 3.2 所示。

图 3.2　压缩包文件

（3）将两个压缩包文件下载到计算机同一位置，就完成了软件的下载。

3.1.3　Oracle 11g 版本介绍

Oracle 11g 在 Windows 平台上提供 4 个版本：企业版、标准版、标准版 1、个人版。各版本功能如下。

企业版：此安装类型是为企业级应用设计的。它设计用于关键任务和对安全性要求较高的联机事务处理（OLTP）和数据仓库环境。如果选择此安装类型，则会安装所有可单独许可的企业版选项。

标准版：此安装类型是为部门或工作组级应用设计的，也适用于中小型企业（SME）。它设计用于提供核心的关系数据库管理服务和选项。它安装集成的管理工具套件、完全分发、复制、Web 功能和用于生成对业务至关重要的应用程序的工具。

标准版 1（仅限桌面和单实例安装）：此安装类型是为部门、工作组级或 Web 应用设计的。从小型企业的单服务器环境到高度分散的分支机构环境，Oracle Database Standard Edition One 包括了生成对业务至关重要的应用程序所必需的所有工具。

个人版：此安装类型和企业版安装类型安装相同的软件（管理包除外）。但是，它仅支持要求与企业版和标准版完全兼容的单用户开发和部署环境。个人版不会安装 Oracle RAC。

3.2　安装过程

软件下载完成后，就可以进行 Oracle 11g 的安装了。Oracle 的安装不像 SQL Server，SQL Server 有专门针对不同版本的软件，而 Oracle 是在安装过程中选择自己需要的版本。

做好相关准备后，便可正式安装了，安装之前最好把 360 安全卫士等这类软件退出，以免安装过程中有拦截提示，要手动操作，具体步骤如下。

（1）将刚下载的两个压缩文件一起选定，解压到同一个目录下面，解压完成后，到相应目录下找到 setup.exe 安装文件，双击运行，将启动 Oracle Universal Installer 自动运行窗口，如图 3.3 所示。

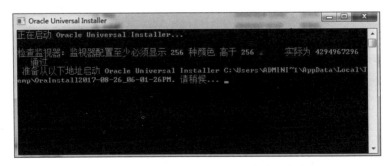

图 3.3　Oracle Universal Installer 自动运行窗口

此时会快速检查计算机的软、硬件环境配置是否满足最小要求,若不满足,就会报告错误并终止安装。如果环境满足要求,则加载程序进行下一步的安装,如图 3.4 所示。

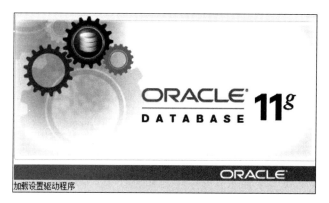

图 3.4　加载程序

(2) 很快将会出现"配置安全更新"窗口。在该窗口中,可填写自己的电子邮件,也可以不填写。软件在线安全更新可以暂不进行,因此,取消勾选"我希望通过 My Oracle Support 接受安全更新(W)"复选框,如图 3.5 所示。

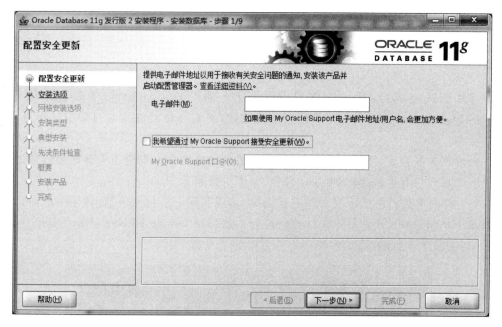

图 3.5　"配置安全更新"窗口

(3) 单击"下一步"按钮,弹出"未指定电子邮件地址"对话框,如图 3.6 所示。

(4) 单击"是"按钮,弹出"选择安装选项"窗口,如图 3.7 所示,窗口中有 3 个安装选项。

- 创建和配置数据库:选择此选项可创建新数据库以及示例方案。
- 仅安装数据库软件:选择此选项可仅安装数据库二进制文件。要配置数据库,必

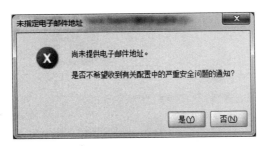

图 3.6　"未指定电子邮件地址"对话框

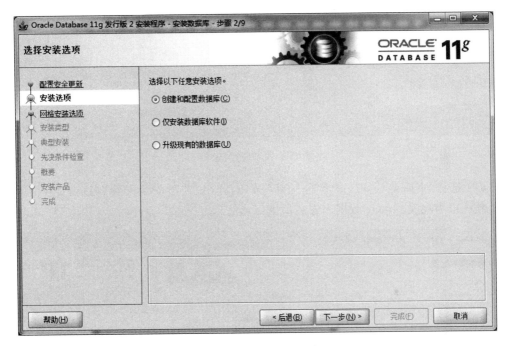

图 3.7　"选择安装选项"窗口

须在安装软件之后运行 Oracle Database Configuration Assistant 来完成。

- 升级现有的数据库：选择此选项可升级现有数据库。此选项在新的 Oracle 主目录中安装软件二进制文件。安装结束后，即可升级现有数据库。

（5）选择"创建和配置数据库"选项，单击"下一步"按钮，弹出"系统类"窗口，如图 3.8 所示，窗口中有两个安装选项。

- 桌面类：如果要在笔记本或桌面类系统中安装，则选择此选项。此选项包括启动数据库并允许采用最低配置。此选项适用于希望快速启动并运行数据库的那些用户。
- 服务器类：如果要在服务器类系统（如在生产数据中心内部署 Oracle 时使用的系统）中进行安装，则选择此选项。此选项允许使用更多高级配置选项。使用此选项可获得的高级配置选项包括 Oracle RAC、自动存储管理、备份和恢复配置、与 Enterprise Manager Grid Control 的集成以及更细粒度的内存优化，还包括其他许多选项。

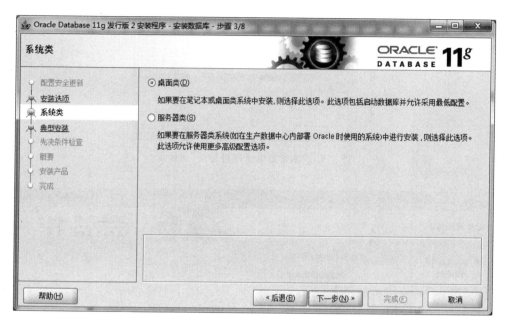

图 3.8 "系统类"窗口

（6）选择"桌面类"选项，单击"下一步"按钮，弹出"典型安装配置"窗口，如图 3.9 所示。此窗口为典型 Oracle 数据库安装提供配置信息。

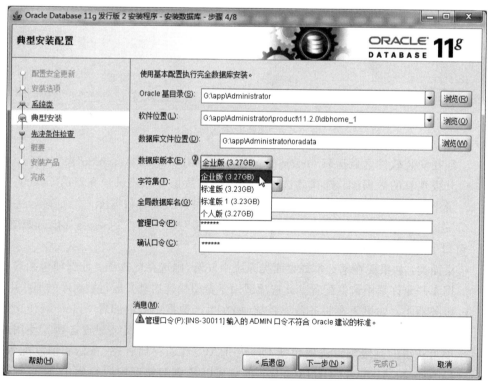

图 3.9 "典型安装配置"窗口

- Oracle 基目录：是 Oracle 软件安装的顶级目录。默认情况下会显示 Oracle 基目录路径，可以根据您的要求更改该路径。
- 软件位置：是 Oracle 主目录路径，其中将放置此安装的 Oracle 数据库二进制文件。
- 数据库文件位置：是 Oracle 数据库文件的存储位置。
- 数据库版本：是要安装的数据库的版本类型。
- 字符集（桌面类，仅限典型安装）：使用此选项可用下列方法之一将字符数据存储到数据库中。

使用默认值：使用此选项可利用操作系统语言设置。

使用 Unicode：使用此选项可以存储多个语言组。

- 全局数据库名：它是提供给数据库的名称，可唯一地标识数据库，以使数据库与网络中的其他数据库区分开。
- 管理口令：是与 SYS 数据库权限对应的口令。如果不满足下列要求，安装将不会继续：口令不能超过 30 个字符；空口令不能被接受；用户名不能为口令；SYS 账户口令不能为 change_on_install（不区分大小写）。

（7）输入口令后，单击"下一步"按钮，若口令不符合 Oracle 建议的标准，则弹出"口令确认"对话框，如图 3.10 所示。单击"详细资料"按钮，则出现"口令建议标准"对话框，如图 3.11 所示。

图 3.10 "口令确认"对话框

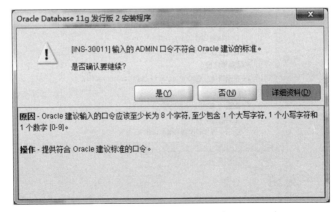

图 3.11 "口令建议标准"对话框

（8）可以忽略提示，单击"是"按钮继续，则弹出"执行先决条件检查"对话框，先决条件检查确保已满足执行数据库安装的最低系统要求，如图 3.12 所示。

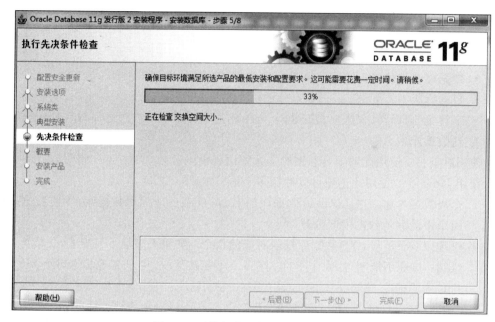

图 3.12 "执行先决条件检查"对话框

（9）先决条件检查完成后，弹出"概要"窗口，此窗口显示在安装过程中选定的选项的概要信息，如图 3.13 所示。

图 3.13 "概要"窗口

（10）在上面的窗口中单击"后退"按钮，则回到先决条件检查窗口，在此窗口中可以看到各项检查的内容以及每项是否通过检查，如果单击"重新检查"按钮，则可以再次运行先决条件检查，以了解是否已满足执行数据库安装的最低要求，如图 3.14 所示。单击下面的"详细信息"，则弹出如图 3.15 所示的对话框，主要显示物理内存的相关情况。

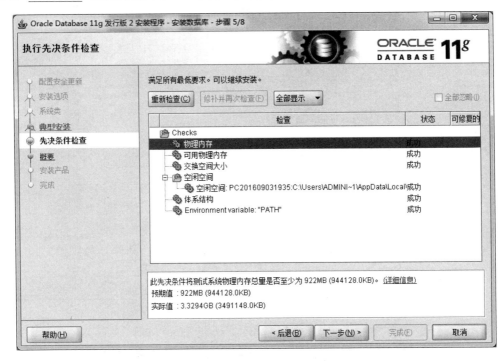

图 3.14　重回先决条件检查窗口

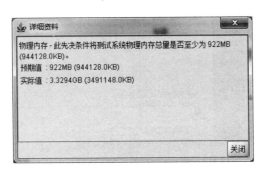

图 3.15　"详细资料"对话框

（11）在图 3.13 所示的窗口中单击"完成"按钮，则弹出"安装产品"窗口，显示安装过程中的操作及安装进度，此过程持续的时间较长，单击"详细资料"按钮可获取有关数据库安装的详细信息，如图 3.16 所示。

（12）当"安装产品"窗口中的进度条达到 100％后，会弹出"数据库配置助手"窗口，在此窗口中单击"停止"按钮，可以随时停止相关操作，如图 3.17 所示。

（13）当"数据库配置助手"窗口中的进度条达到 100％后，会弹出一个包含安装信息

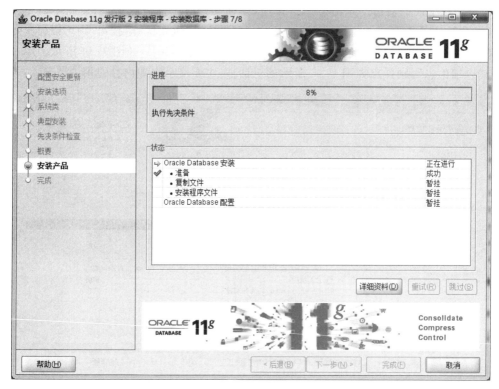

图 3.16 "安装产品"窗口

图 3.17 "数据库配置助手"窗口

的对话框,如图 3.18 所示。

(14)在创建数据库后,可以使用"口令管理"对话框来更改用户的默认口令。单击图 3.18 中的"口令管理"按钮,出现"口令管理"对话框。在此对话框中,可以对用户解除

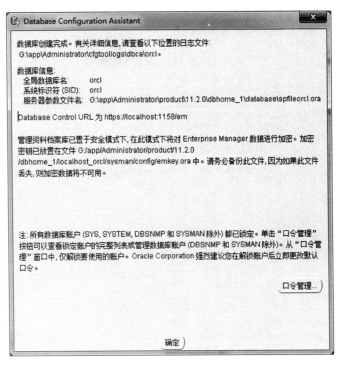

图 3.18　包含安装信息的对话框

锁定状态或重新设置新口令,如图 3.19 所示。

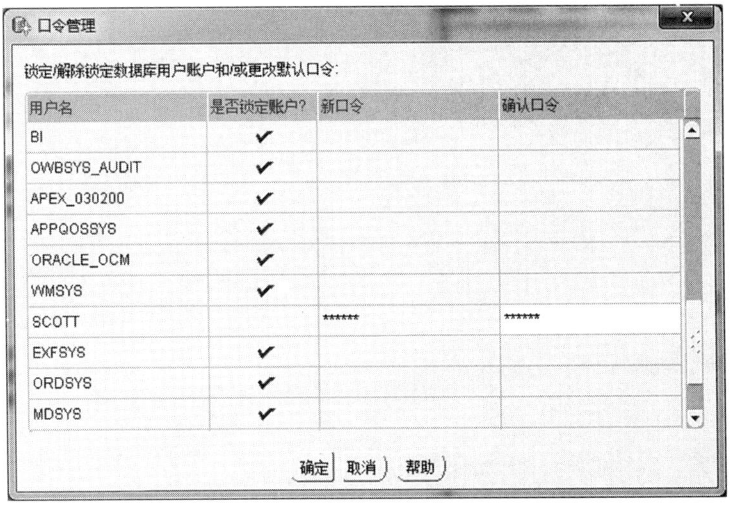

图 3.19　"口令管理"对话框

(15)单击"确定"按钮,回到图 3.18 所示的对话框。单击"确定"按钮,会弹出"完成"窗口,如图 3.20 所示。这个窗口中显示 Oracle 数据库的安装已成功,同时还显示了 Oracle 企业管理器的链接地址:https://localhost:1158/em。至此,Oracle 11g 数据库管理系统安装完毕,单击"关闭"按钮完成安装。

图 3.20 "完成"窗口

第 4 章　Oracle 11g 实验

实验 1　熟悉 Oracle 11g 环境

实验目的

（1）掌握 Oracle 11g 数据库服务器服务管理的方法。

（2）掌握 Oracle 11g 基本工具。

实验内容

（1）用多种方法实现对数据库服务器相关服务的启动、暂停、停止。

（2）使用 SQL Plus 连接数据库、SQL Plus 常用命令的使用。

（3）使用 SQL Developer 建立数据库连接。

（4）熟悉 OEM（Oracle 企业管理器）的使用。

相关知识与过程

1. 数据库服务器服务管理

Oracle 11g 提供 7 个服务，分别如下。

（1）Oracle ORCL VSS Writer Service：Oracle 卷映射复制写入服务，VSS（Volume Shadow Copy Service）能够让存储基础设备（如磁盘阵列等）创建高保真的时间点映像，即映射复制（shadow copy）。它可以在多卷或者单个卷上创建映射复制，同时不会影响系统的性能。

（2）OracleDBConsoleorcl：Oracle 数据库控制台服务，orcl 是 Oracle 的实例标识，默认的实例为 orcl。在运行 OEM 时，需要启动这个服务。

（3）OracleJobSchedulerORCL：Oracle 作业调度（定时器）服务。ORCL 是 Oracle 实例标识。

（4）OracleMTSRecoveryService：服务端控制。该服务允许数据库充当一个微软事务服务器 MTS、COM/COM＋对象和分布式环境下的事务的资源管理器。

（5）OracleOraDb11g_home1ClrAgent：Oracle 数据库.NET 扩展服务的一部分。

（6）OracleOraDb11g_home1TNSListener：监听器服务，服务只有在数据库需要远程访问时才需要。

（7）OracleServiceORCL：数据库服务（数据库实例），是 Oracle 的核心服务，该服务是数据库启动的基础，只有该服务启动，Oracle 数据库才能正常启动。

要是只用 Oracle 自带的 SQL＊Plus，只要启动 OracleServiceORCL 即可；要是使用

PL/SQL Developer 等第三方工具,OracleOraDb11g_home1TNSListener 服务也要开启。OracleDBConsoleorcl 是进入基于 Web 的 EM(企业管理器)必须开启的,其余服务很少用。

注意:ORCL 是数据库实例名。默认的数据库是 ORCL,您也可以创建其他的数据库,即 OracleService＋数据库名。

要管理这些服务,可以通过以下方法实现。

1) 利用 Windows Services 管理服务

通过"控制面板"→"管理工具"→"服务",找到相应服务,如图 4.1 所示。右击服务名通过快捷菜单或双击服务名后通过属性窗口来控制服务状态。

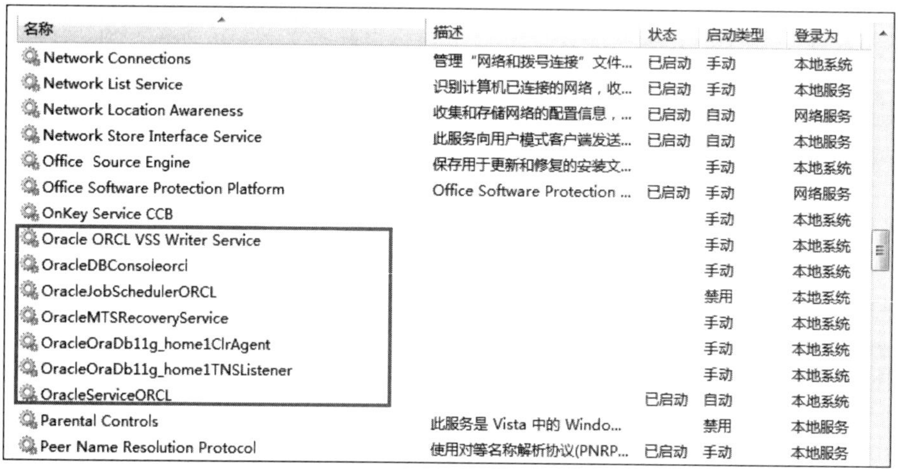

图 4.1 "Oracle 服务"窗口

2) 通过快捷菜单管理服务

在桌面上右击"计算机",在快捷菜单中选择"管理"命令,出现"计算机管理"窗口。在窗口左侧展开"服务和应用程序"选项,再单击"服务",从右边窗口列出的服务中就能找到 Oracle 的所有服务,选定某个服务,右击服务名通过快捷菜单或双击服务名后通过属性窗口就可以控制服务状态,如图 4.2 所示。

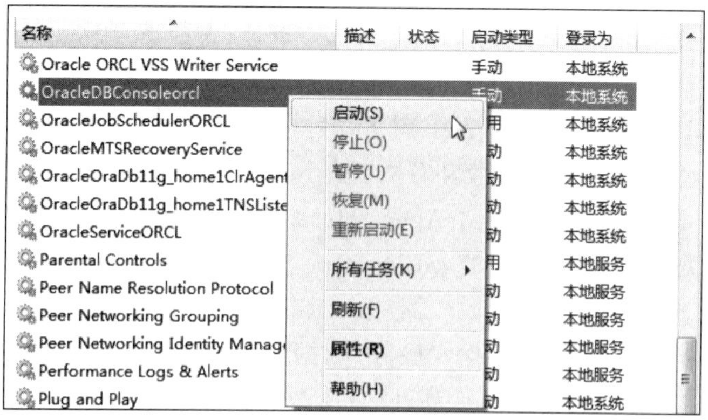

图 4.2 通过快捷菜单控制服务状态

3）利用命令管理服务

通过执行"开始"→"运行"命令，出现如图 4.3 所示的对话框。

图 4.3　"运行"对话框

输入 cmd 命令，单击"确定"按钮后，出现如图 4.4 所示的命令窗口。

图 4.4　命令窗口

在命令提示符后使用 net 命令（分别为 net start、net pause、net continue 和 net stop 加上服务名）来管理 Oracle 11g 数据库服务器的相关服务（服务后边的 ORCL 为数据库实例名）。

【练 1】　启动 OracleServiceORCL 服务。

```
net  start OracleServiceORCL
```

执行效果如图 4.5 所示。

图 4.5　以命令方式启动 OracleServiceORCL 服务

【练2】 暂停 OracleServiceORCL 服务。

```
net pause OracleServiceORCL
```

【练3】 恢复暂停的 OracleServiceORCL 服务。

```
net continue OracleServiceORCL
```

【练4】 停止 OracleServiceORCL 服务。

```
net stop OracleServiceORCL
```

在命令方式下,使用命令 oradim -startup -sid orcl(orcl 为数据库实例名),也可以启动 OracleServiceORCL 服务。

4) 利用 Administration Assistant for Windows 启停服务

对于 OracleServiceORCL 服务,可以利用 Administration Assistant for Windows 对服务进行启动、停止。方法是:通过"开始"→"所有程序"→Oracle-OraDb11g_home1→"配置和移植工具",然后单击执行 Administration Assistant for Windows 命令。在左侧依次展开各项,直到出现 Oracle 数据库实例名,右击,便可对 OracleServiceORCL 服务进行启动和关闭等操作了,如图 4.6 所示。

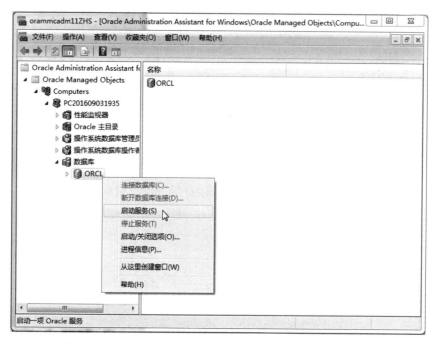

图 4.6 利用 Administration Assistant for Windows 启停服务

2. Oracle 11g 基本工具

1) SQL Plus

SQL Plus 是与 Oracle 数据库进行交互的客户端工具,借助 SQL Plus 可以查看、修改数据库记录。在 SQL Plus 中,可以运行 SQL Plus 命令与 SQL 语句。SQL Plus 是一个常用的工具,具有很强的功能,主要如下。

- 启动/停止数据库实例,要完成该功能,必须以 sysdba 身份登录数据库。
- 对数据库的数据进行增加、删除、修改、查询等操作。
- 执行 SQL 语句和执行 PL/SQL 语句、执行 SQL 脚本。
- 定义变量,编写 SQL 语句。
- 查询结果的格式化、运算处理、保存、打印以及输出 Web 格式。
- 将查询结果输出到报表中,设置表格格式和计算公式。
- 显示任何一个表的字段定义,并与终端用户交互。
- 运行存储在数据库中的子程序或包。
- 用户管理及权限维护等。
- 完成数据库管理。

【练 5】 使用 SQL Plus 连接到数据库。

用 SQL Plus 连接数据库有两种方式。

① 通过"开始"→"所有程序"→Oracle-OraDb11g_home1→"应用程序开发",然后单击 SQL Plus 命令,弹出如图 4.7 所示的启动窗口。在"请输入用户名:"后面输入登录用户名(如 system 或 sys)和口令,口令是安装 Oracle 过程中输入的密码,若输入正确,则连接数据库成功。

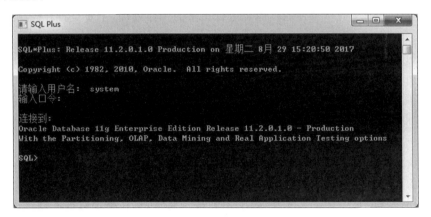

图 4.7   SQL Plus 启动窗口

② 选择"开始"→"运行"命令,出现 Windows 运行对话框。在 DOS 提示符下输入 sqlplus 然后按 Enter 键,再输入用户名和口令,也能连接到数据库,如图 4.8 所示。

2) SQL Plus 常用命令

SQL Plus 常用命令分为以下几类:启动和关闭数据库命令、帮助命令、连接命令、文件操作命令、交互命令、编辑命令和其他命令。

(1) 启动和关闭数据库命令。

数据库实例支持 4 种状态:打开(open)、关闭(close)、已装载(mount)和已启动(nomount)。要启动和关闭数据库,必须以具有 Oracle 管理员权限的用户登录,通常也就

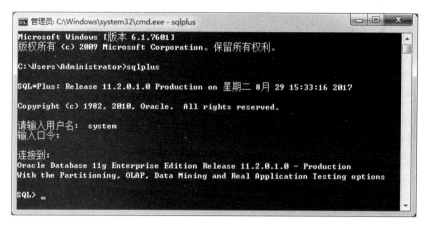

图 4.8 使用命令连接数据库

是以 sysdba 权限的用户登录。

① 启动数据库。

数据库的启动过程分为 3 个阶段。

a. 启动实例,包括 3 个操作:读取参数文件;分配 SGA;启动后台进程。

b. 装载数据库:将数据库与已启动的实例相联系。数据库装载后,数据库保持关闭状态。

c. 打开数据库:此步骤使数据库可进行正常的操作处理,主要是打开控制文件、数据文件和日志文件。

startup:启动数据库实例,装载并打开数据库。

startup mount:启动数据库实例,装载数据库,但并不打开数据库。

在下面任务中必须装载但不打开数据库。

• 重命名数据文件。

• 添加、取消或重命名重做日志文件。

• 运行和禁止重做日志存档选项。

• 执行完整的数据库恢复操作。

startup nomount:启动数据库实例,不装载。通常,只在整个数据库创建过程中使用该模式(控制文件丢失时)。

startup restrict:启动后限制对数据库实例的访问。仅允许一些特权用户(具有 DBA 身份)使用数据库。

下面任务需要限制访问数据库。

• 执行数据库数据的导入或导出。

• 执行数据库装载操作。

• 暂时组织一般的用户使用数据。

• 在某个移植、维护和升级操作中。

startup force:实际上是强行关闭(shutdown abort)数据库和启动(startup)数据库的一个综合,在系统遇到问题不能关闭数据库时使用。

alter database open read only：以只读方式打开数据库，适用于仅具有查询功能的数据库系统。

② 关闭数据库。

shutdown[normal]：正常关闭，等待目前所有用户退出，关闭数据库，再不允许任何用户连接。

shutdown immediate：立即关闭，断开所有已经连接的用户，然后关闭。

在以下情形中使用立即关闭数据库模式。

- 要初始化一个自动的并且未参与的备份。
- 当马上发生电源的关闭动作时。
- 当数据库或其中一个应用程序功能不正常，此时又不能联络到用户，以请求注销操作或者这些用户不能注销时。

shutdown transactional：计划关闭数据库，等待当前所有活动的事务完成后，以 shutdown immediate 方式关闭数据库。

shutdown abort：当数据库实例出现异常，中止数据库实例，立即关闭。

在以下情形中使用此关闭数据库模式。

- 数据库或其中一个应用程序功能不正常且未使用其他关闭操作。
- 需要即刻关闭数据库(例如，知道会在一分钟内发生关闭电源的动作)。
- 启动实例遇到问题。

【练 6】　在启动 SQL Plus 连接到数据库后，正常关闭数据库，然后启动数据库实例，装载并打开数据库。

首先启动 SQL Plus，输入用户名 sys as sysdba，然后输入口令，再输入 shutdown 命令，最后输入 startup 命令，如图 4.9 所示。

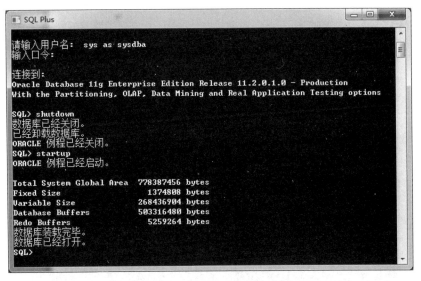

图 4.9　关闭和启动数据库实例

（2）帮助命令。

帮助命令用来帮助用户查询指定命令。其语法格式如下：

help| ? [topic]

topic：要查询的命令名称。

省略 topic 时，会显示 help 命令本身的功能及语法格式，如图 4.10 所示。

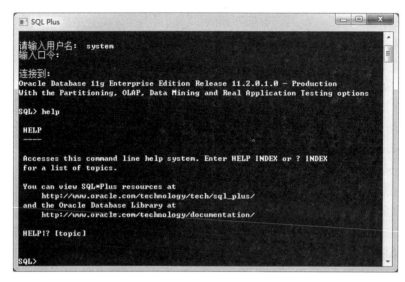

图 4.10　执行不带参数的 help 命令

【练 7】　查看 SQL Plus 的所有命令清单。

SQL>help index

运行结果如图 4.11 所示。

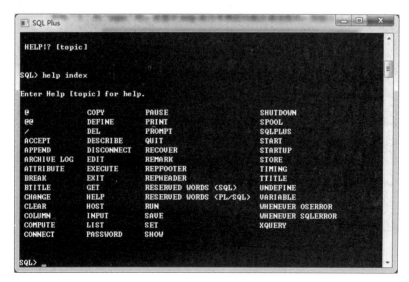

图 4.11　查看 SQL Plus 的所有命令清单

【练 8】　查看 copy 命令的功能及语法格式。

SQL>help　copy

运行结果如图 4.12 所示。

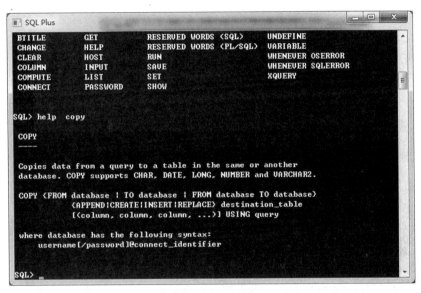

图 4.12　查看 copy 命令

（3）连接命令。

① conn[ect]：用来以新的用户连接数据库。

用法：conn　username［/password］［@ connect _ identifier］［AS {SYSOPER | SYSDBA}］

当用特权用户登录时，必须带上 AS SYSDBA 或 AS SYSOPER。

【练 9】　用 sys 用户进行连接。

SQL>conn sys/t123456　@orcl as sysdba

上面代码中，t123456 为事先设好的密码，orcl 为数据库 SID，即服务标识符。

② disc[onnect]：用来断开与当前数据库的连接。

用法：disc[onnect]

③ show user：显示当前用户名。

用法：show　user

④ exit：该命令会断开与数据库的连接，同时会退出 SQL Plus。

用法：exit

（4）文件操作命令。

① start 和@：运行 SQL 脚本。

例如：SQL>start d:\aa. sql 或者 SQL>@ d:\aa. sql

② edit：该命令可以编辑指定的 SQL 脚本，也可以用来编辑 SQL 缓冲区中最近的一

条 SQL 语句或 PL/SQL 块。

例如：SQL＞ edit d:\aa.sql

若只有 edit 命令,则表示编辑缓冲区中的最近一条 SQL 语句或 PL/SQL 块。

例如：SQL＞edit

③ spool：该命令可以将屏幕内容输出到指定文件中。此命令用完后,要用 spool off 或 spool out 命令,才会在输出文件中看到输出的内容。

【练 10】 使用 spool 命令创建 a.txt 文件,将 help index 命令的输出内容输出到 a.txt 文件中,如图 4.13 所示。

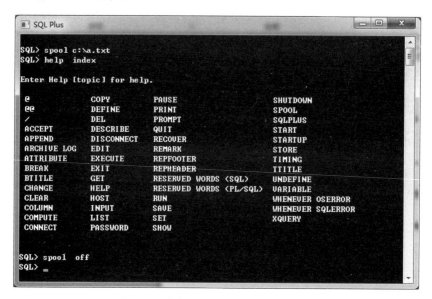

图 4.13 将命令结果输出到指定文件中

spool 命令创建的 a.txt 文件内容如图 4.14 所示。

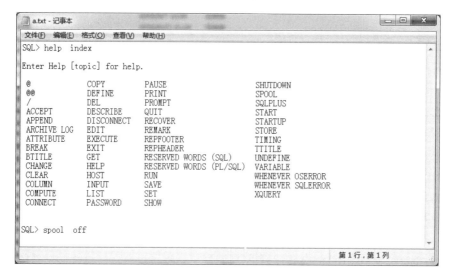

图 4.14 spool 命令创建的 a.txt 文件内容

（5）交互式命令。

&：可以替代变量，而该变量执行时，需要用户输入具体的值。

例如：SQL＞select　＊　from emp where job＝ '&job'

此命令执行后，要输入具体的 job 值才能进行查询。

（6）编辑命令。

① List|L：查看 Oracle 缓冲区中曾经写的命令。

② save：将当前缓冲区中的内容保存至脚本文件中。

例如：SQL＞save　　c:\b. sql

③ get：获得脚本文件中的内容，放进缓冲区中，但并不执行。

例如：SQL＞get　　c:\b. sql

④ change：将 SQL 缓冲区中当前行中的文本进行替换或删除。

change　/old /new：将 SQL 缓冲区中当前行中的 old 字符串替换为 new 字符串。

change /text/：将 SQL 缓冲区中当前行中的 text 字符串删除。

⑤ append　 text：将字符串 text 附加到当前行的末尾。

（7）其他命令。

① describe：查询表或视图的结构。

格式：desc[ribe] object_name

例如：SQL＞desc　　user_tables

② define：用来定义一个用户变量，并给它分配一个 CHAR 值或者显示一个变量的值及类型。

格式：def[ine] ［变量名］［变量名＝字符串］

例如：SQL＞define　　aa＝ 'oracle'

　　　SQL＞define　　aa

执行结果如图 4.15 所示。

图 4.15　用 define 命令定义变量和显示变量的值

③ column：格式化查询结果、设置列宽、重新设置列标题等。

格式：col[umn] ［column_name］［alias|option］

其中：

• column_name：指定列名。

• alias：指定列的别名。

• option：用于指定某个列的显示格式。option 选项见表 4.1。

表 4.1　option 选项

选　项	说　明
FOR[MAT]	将列或别名的显示格式设置为由 FORMAT 指定的格式
HEA[DING]	将列或别名的标题中的文本设置为由 HEADING 指定的格式
JUS[TIFY] [{LEFT|CENTER|RIGHT}]	将列输出设置为左对齐、居中或右对齐。默认情况下,数值类型的列为右对齐,其他类型的列为左对齐
NULL	指定一个字符串,如果列的值为 NULL,则由该字符串代替
PRINT|NOPRINT	显示列标题或隐藏列标题,默认为 PRINT
WRA[PPEND]	在输出结果中将一个字符串末尾换行显示。该选项可能导致单个单词跨越多行
WOR[D_WRAPPEND]	与 WRAPPEND 选项类似,不同之处在于单个单词不会跨越两行
TRUNCATED	表示截断字符串尾部
CLE[AR]	清除列的任何格式化(将格式设置回默认值)

表 4.1 中的 FORMAT 可以使用很多格式化参数。可以指定的参数取决于该列中保存的数据类型。

- 如果列中包含字符,可以使用 An 对字符进行格式化,其中 n 指定了字符的宽度。例如,A12 就是将宽度设置为 12 个字符。
- 如果列中包含数字,可以使用 Oracle 合法的数字格式。例如,$ 10.68 设置的格式就是:一个美元符号,后跟两个数字,再跟一个小数点,再接另外两个数字。
- 如果列中包含日期,可以使用 Oracle 合法的日期格式。例如,MM-DD-YYYY 设置的格式就是:一个两位的月份(MM),一个两位的日(DD),后跟一个 4 位的年份(YYYY)。

如果 column 后面未指定任何参数,则 column 命令将显示 SQL Plus 环境中所有列的当前定义属性;如果在 column 后指定某个列名,则显示指定列的当前定义属性。

FORMAT 选项用于指定列的显示格式,其中格式模型包含以下元素。

An:设置 char、varchar2 类型列的显示宽度。

9:在 number 类型列上禁止显示前导 0。

0:在 number 类型列上强制显示前导 0。

$:在 number 类型列前显示美元符号。

L:在 number 类型列前显示本地货币符号。

. :指定 number 类型列的小数点位置。

, :指定 number 类型列的千位分隔符。

例如:设置显示 salary 列的格式:

```
col salary for $9,999.99
```

上面命令中,逗号表示千位分隔符,9 为不显示前导 0。

设置前导 0 的格式为 $ 009,999.00

设置本地货币符号的格式为 L009,999.00

【练 11】　使用 column 命令进行格式设置。

```
SQL>column deptno heading department    //改变默认的列标题
SQL>column deptno format 0099            //改变字段的格式(数值型)
SQL>column sal format $99,990           //改变字段的格式(数值型)
SQL>column deptno justify left           //改变字段的对齐方式
SQL>column <column_name>                 //显示列的当前的显示属性值
SQL>column c1 format a20                 //将列 c1(字符型)显示的最大宽度调整为 20 个字符
SQL>column c1 format 9999999             //将列 c1(数值型)显示的最大宽度调整为 7 个字符
SQL>column c1 heading c2                  //将 c1 的列名输出为 c2
SQL>clear columns                        //将所有列的显示属性设为默认值
```

3）SQL Developer

SQL Developer 是 Oralce 提供的一个图形化的开发环境,集成于 Oralce 11g 中,可以用它来创建和管理数据库对象、运行 SQL 语句、调试 PL/SQL 程序等,以简化数据库的管理和开发,提高工作效率。启动 SQL Developer 的步骤如下。

（1）选择“开始”→“所有程序”→Oracle-OraDb11g_home1→“应用程序开发”,然后单击执行 SQL Developer 命令,如果是第一次启动,就会弹出 Oracle SQL Developer 窗口,要求输入 java.exe 的完整路径。单击 Browse 按钮,选择 java.exe 的路径。可以选择 Oracle 安装过程中产生的软件位置路径,如图 4.16 所示。

（2）单击 OK 按钮,开始启动 Oracle SQL Developer,出现“配置文件类型关联”对话框,选择相关的文件类型,如图 4.17 所示。

图 4.16　选择 java.exe 的路径

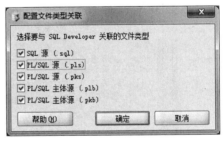

图 4.17　“配置文件类型关联”对话框

（3）单击“确定”按钮,出现 Oracle SQL Developer 窗口,如图 4.18 所示。

（4）在左边窗口中右击“连接”项,在快捷菜单中选择“新建连接”命令,弹出“新建/选择数据库”对话框。在“连接名”右边的文本框中输入自己命名的连接名,如 conn1,在用户名右边的文本框中输入 system。如果要输入用户名 sys,则要将下面的角色改成 SYSDBA,否则保留默认的 default。或者直接在用户名右边的文本框中输入 sys as sysdba,则不用修改下面的角色。在“口令”右边的文本框中输入之前设置的口令,如果下次不想再输入口令,可以选中“保存口令”复选框。“主机名”和“端口”右边的文本框中的值保留不动,在 SID 右边的文本框中输入数据库的 SID,SID 通常就是数据库的名称。因前面安装时数据库名称为 orcl,所以此处 SID 填写为 orcl,设置完成后,单击“保存”按钮

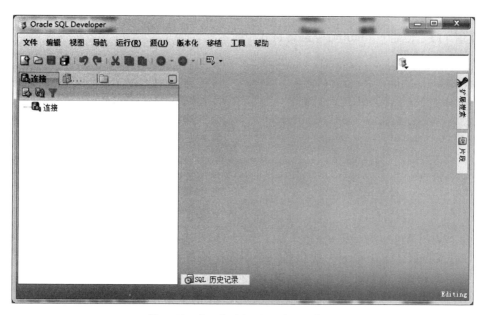

图 4.18 Oracle SQL Developer 窗口

保存前面所做的设置,单击"测试"按钮对连接进行测试,如果连接成功,对话框左下角处会显示"状态:成功",如图 4.19 所示。注意,在做此操作之前,必须保证 OracleOraDb11g_home1TNSListener 服务是启动的。

图 4.19 "新建/选择数据库连接"对话框

S(5) 单击"连接"按钮,在主界面就建好了与 SID 为 orcl 的数据库的连接。双击该连接,会显示可以操作的数据库对象,对 orcl 数据库的操作都可以在该界面下完成,如图 4.20 所示。

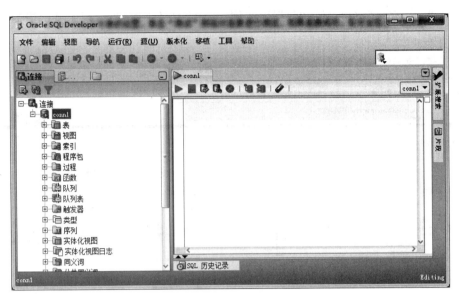

图 4.20　连接成功后的界面

4）Oracle Enterprise Manager

Oracle Enterprise Manager(OEM)是基于 Web 界面的 Oracle 数据库管理工具。它是一个基于 Java 的框架系统，具有图形用户界面，使用 B/S 模式访问 Oracle 数据库管理系统。使用 OEM 可以创建表、视图等数据库对象，管理数据库的安全性、备份和恢复数据库，查询数据库的执行情况和状态，管理数据库的内存和存储结构等。在启动 OEM 之前，要确保 OracleDBConsoleorcl 服务已启动。启动 OEM 的步骤如下。

（1）在浏览器的地址栏中输入 OEM 的 URL 地址 http://localhost:1158/em/，或者选择"开始"→"所有程序"→Oracle-OraDb11g_home1→Database Control-orcl 命令，启动 OEM。

（2）出现 OEM 登录界面后，在"用户名"右边的文本框中输入登录用户名（如 system、sys 等），在"口令"右边的文本框中输入对应用户的密码，如图 4.21 所示。

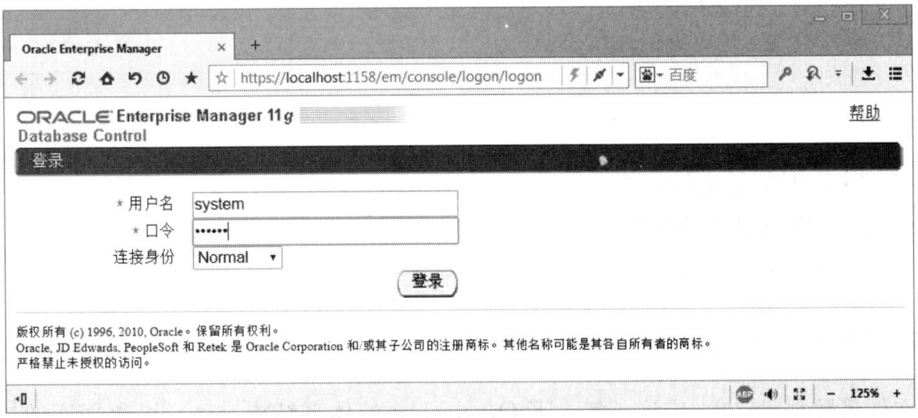

图 4.21　OEM 登录界面

（3）单击"登录"按钮，进入"数据库实例：orcl"主目录属性页，用于显示当前数据库的有关信息，如图 4.22 所示。

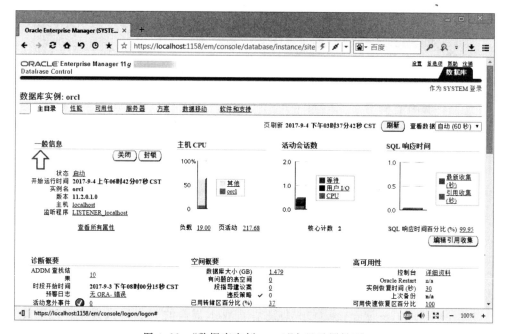

图 4.22 "数据库实例：orcl"主目录属性页

OEM 以图形的方式提供用户对数据库的操作，不需要使用大量的命令，操作起来比较简单，若想熟练掌握数据库的操作命令，建议多用 SQL Plus。

实验 2　数据库的创建与管理

实验目的

（1）理解 Oracle 的体系结构。
（2）掌握创建、删除数据库的方法。

实验内容

（1）用 DBCA 创建数据库。
（2）用 DBCA 删除数据库。
（3）用命令删除数据库。

相关知识与过程

在创建数据库之前，应该了解一下 Oracle 11g 的体系结构。Oracle 数据库的体系结构包括逻辑存储结构、物理存储结构、内存结构和进程结构。Oracle 的体系结构如

图 4.23 所示。

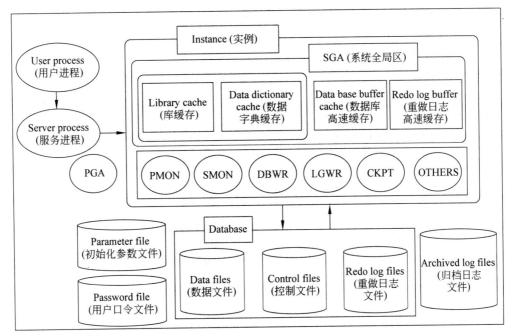

图 4.23　Oracle 的体系结构

1. 逻辑存储结构

逻辑存储结构主要描述 Oracle 数据库的内部存储结构,即从技术概念上描述在 Oracle 数据库中如何组织、管理数据。Oracle 的逻辑存储结构是一种层次结构,主要由表空间、段、数据区和数据块等概念组成。Oracle 的逻辑存储结构如图 4.24 所示。

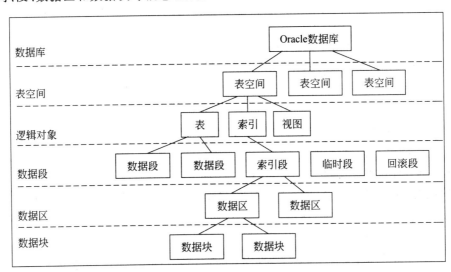

图 4.24　Oracle 的逻辑存储结构

由图 4.24 可以看到,Oracle 数据库由多个表空间构成,表空间用来存储数据库的逻辑对象,逻辑对象由多个数据段构成,数据段由多个数据区构成,数据区由多个数据块构成。

1) 表空间(Tablespace)

表空间是数据库的逻辑划分,任何数据库逻辑对象都必须存储在某个表空间中。表空间一般由一个或多个数据文件构成,每个数据文件只能属于某一个表空间,也就是说,表空间和数据文件是 1 对 N 的关系;每个数据库至少有一个表空间,表空间大小等于从属于它的所有数据文件大小的总和。在 Oracle 11g 中,初始创建的只有 6 个表空间:SYSTEM、TEMP、UNDOTBS1、SYSAUX、USERS、EXAMPLE。

(1) SYSTEM 表空间。

SYSTEM 表空间是每个 Oracle 数据库必须具备的,在数据库创建时自动创建,用于存储数据库系统对象、数据字典、存储过程、触发器和系统回滚段及数据库管理所需的信息。SYSTEM 表空间的名称是不可更改的,SYSTEM 表空间必须在任何时候都可以用,也是数据库运行的必要条件。所以,SYSTEM 表空间是不能脱机的。为避免 SYSTEM 表空间产生存储碎片以及争用系统资源的问题,建议创建独立的用户表空间,用来单独存储用户对象及数据。

(2) TEMP 表空间。

TEMP 表空间是临时表空间,主要用于存储 Oracle 数据库运行期间产生的临时数据,如 SQL 排序等。数据库可以建立多个临时表空间。当数据库关闭后,临时表空间中的所有数据将全部被清除。

(3) UNDOTBS1 表空间。

UNDOTBS1 表空间是回滚表空间,用于保存 Oracle 数据库变化前的记录,在对数据库中的记录进行 DML 操作时,Oracle 数据库会将变化前的记录副本保存到回滚表空间中。

(4) SYSAUX 表空间。

SYSAUX 表空间是随着数据库的创建而创建,它充当 SYSTEM 的辅助表空间,主要存储除数据字典以外的其他对象。

(5) USERS 表空间。

USERS 表空间是用户表空间,在创建数据库时自动创建,存放永久性用户对象的数据和私有信息,因此也称为数据表空间。一般情况下,系统用户使用 SYSTEM 表空间,非系统用户使用 USERS 表空间。

(6) EXAMPLE 表空间。

EXAMPLE 表空间是示例表空间,用于存放示例数据库的方案对象信息及其培训资料等。

2) 段(Segment)

段是由一个或多个数据区(Extent)构成的,它是为特定的数据库对象(如数据段、索引段、回滚段、临时段)分配的一系列数据区;段内包含的数据区可以不连续,而且可以跨越多个数据文件,使用段的目的是保存特定对象。Oracle 数据库分为数据段、索引段、回滚段和临时段 4 种类型。

（1）数据段。

数据段也称为表段，它包含的数据与表和簇相关，当创建一个表时，系统自动创建一个以该表的名字命名的数据段。

（2）索引段。

索引段包含索引相关信息，创建索引时，系统自动创建一个以该索引的名字命名的索引段。

（3）回滚段。

回滚段包含了回滚信息，进行 DML 操作时，Oracle 数据库会将变化前的记录副本保存到回滚段中，在 ROLLBACK、实例恢复（前滚）、一致性读（CR）块的构造时会使用到回滚段信息，同时用于保证事务读一致性。创建数据库时，Oracle 会创建默认的回滚段，其管理方式可以是自动的，也可以是手动的。

（4）临时段。

它是 Oracle 在运行过程中自行创建的段，当一个 SQL 语句（如排序）需要临时工作区时，由 Oracle 创建临时段，一旦语句执行完毕，临时段会自动释放。

3）数据区（Extent）

数据区是一组连续的数据块，当一个表、回滚段或临时段创建或需要附加空间时，系统总是为之分配一个新的数据区。一个数据区不能跨越多个文件，因为它包含连续的数据块。使用数据区的目的是保存特定数据类型的数据。数据区也是表中数据增长的基本单位，在 Oracle 数据库中，分配空间就是以数据区为单位的。一个 Oracle 对象包含至少一个数据区，设置一个表或索引的存储参数包含设置它的数据区大小。

4）数据块（Data Blocks）

数据块是 Oracle 最小的存储单位。Oracle 数据存放在"块"中。Oracle 每次请求数据的时候，都是以块为单位，也就是说，Oracle 每次请求的数据是块的整数倍。如果 Oracle 请求的数据量不到一块，Oracle 也会读取整个块，"块"是 Oracle 读写数据的最小单位或者最基本的单位。特别需要注意的是，这里的"块"是 Oracle 的"数据块"，不是操作系统的"块"。Oracle 块的标准大小由初始化参数 DB_BLOCK_SIZE 指定，默认标准块的大小为 8KB。具有标准大小的块称为标准块（Standard Block），和标准块的大小不同的块称为非标准块（Nonstandard Block）。同一个数据库实例可以同时存在多种不同的块大小，操作系统每次执行 I/O 的时候，是以操作系统的块为单位。Oracle 每次执行 I/O 的时候，都是以 Oracle 的块为单位，Oracle 数据块大小一般是操作系统块的整数倍。

2．物理存储结构

Oracle 的物理结构包含数据文件、日志文件、控制文件、参数文件、口令文件、警告日志文件、跟踪文件等。其中，数据文件、控制文件、日志文件和参数文件是必需的，其他文件可选。

1）数据文件（Data Files）

每个 Oracle 数据库都有一个或多个物理的数据文件，数据文件包含全部数据库数据,逻辑数据库结构(如表、索引、视图、函数等)的数据物理地存储在数据库的数据文件中。数据文件的扩展名为 DBF。数据文件有下列特征。

- 一个数据文件仅与一个数据库联系。
- 一个表空间(数据库存储的逻辑单位)由一个或多个数据文件组成。

2) 日志文件(Log Files)

每个数据库实例有两个或两个以上日志文件组,为了防止日志文件本身的故障,每个日志文件组可以有一个或一个以上日志成员。日志的主要功能是记录对数据所做的修改,用于在出现故障时,如果不能将修改数据永久地写入数据文件,则可利用日志得到该修改,从而保证数据不丢失。日志文件中的信息仅在系统故障或介质故障恢复数据库时使用。任何丢失的数据在下一次数据库打开时,Oracle 自动地应用日志文件中的信息来恢复数据库数据文件。

Oracle 日志文件有联机重做日志文件和归档日志文件两种:联机重做日志文件用来循环记录数据库改变的操作系统文件;归档日志文件是为避免联机日志文件重写时丢失重复数据而对联机日志文件所做的备份。Oracle 数据库可以选择归档(ARCHIVELOG)或非归档(NOARCHIVELOG)模式。

3) 控制文件(Control Files)

控制文件用于记录和维护整个数据库的全局物理结构,它是一个二进制文件,扩展名为 CTL。每个 Oracle 数据库都有一个控制文件或同一个控制文件的多个副本,它记录数据库的物理结构信息,包括数据库名、数据库数据文件和日志文件的名字和位置、数据库建立日期等。由于控制文件记录数据库的物理结构信息,所以对数据库运行至关重要。为了安全起见,Oracle 建议保存两份以上的控制文件镜像于不同的存储设备。当 Oracle 数据库的实例启动时,它的控制文件用于标识数据库和日志文件,当着手数据库操作时,它们必须被打开,当数据库的物理组成更改时,Oracle 自动更改该数据库的控制文件。当然,在数据恢复时,自然会使用控制文件,以确定数据库物理文件的名字和位置。

4) 参数文件

除了构成 Oracle 数据库物理结构的三类主要文件外,参数文件也是 Oracle 数据库较重要的一种文件结构。参数文件记录了 Oracle 数据库的基本参数信息,主要包括数据库名、控制文件所在路径、进程等。在 Oracle 9i 之前,都只有 pfile 一种文本格式的参数文件,在 Oracle 9i 之后,新增了服务器二进制参数文件 spfile。通过修改 pfile 以修改数据库参数,必须要求重启数据库后才能生效。通过修改 spfile 以修改数据库参数时,根据参数类型分为静态参数需要重启和动态参数无重启立即生效。

5) 口令文件

口令文件是 Oracle 系统用于验证 SYSDBA 权限的二进制文件,当远程用户以 SYSDBA 或 SYSOPER 连接到数据库时,一般要用密码文件验证。创建密码文件既可以在创建数据库实例时自动创建,也可以使用 ORAPWD.EXE 工具手动创建。

6) 其他文件

Oracle 数据库的运行除了以上重要的必需文件外,还有其他虽然非必需但一样重要的文件结构,如警告日志文件(Alter)、跟踪文件(Trace)等。

3. 内存结构

内存结构是 Oracle 存储常用信息和所有运行在该机器上的 Oracle 的内存区域。Oracle 有两种类型的内存结构：系统全局区（System Global Area，SGA）和程序全局区（Program Global Area，PGA）。

4. 进程结构

进程是操作系统中一个独立的可以调度的活动，用于完成指定的任务。进程可看作由一段可执行的程序、程序所需要的相关数据和进程控制块组成。Oracle 进程包括用户进程、服务器进程和后台进程 3 种。

1）用户进程

用户进程是指那些能够产生或执行 SQL 语句的应用程序。当用户连接数据库执行一个应用程序时，会创建一个用户进程，来完成用户所指定的任务，用户进程在用户方工作，它向服务器进程提出请求信息。

2）服务器进程

服务器进程由 Oracle 自身创建，用于处理连接到数据库实例的用户进程所提出的请求。用户进程只有通过服务器进程，才能实现对数据库的访问和操作。

3）后台进程

后台进程是一组运行于 Oracle 服务器端的后台程序，是 Oracle 实例的重要组成部分。服务器进程在执行用户进程请求时，调用后台进程实现对数据库的操作。一个 Oracle 实例可以有许多后台进程，但它们不是一直存在。常用的后台进程简单介绍如下。

DBWR（数据库写入进程）：负责将数据块缓冲区内变动过的数据块写回磁盘内的数据文件。

LGWR（日志写入进程）：负责将重做日志缓冲区内变动的记录循环写回磁盘内的重做日志文件，该进程会将所有数据从重做日志缓存中写入到现行的在线重做日志文件中。

SMON（系统监控进程）：主要职责是重新启动系统。

PMON（进程监控进程）：主要职责是监控服务器进程和注册数据库服务。

CKPT（检查点进程）：在适当时产生一个检查点事件，确保缓冲区内经常变动的数据也要定期被输入数据文件。在检查点之后，万一需要恢复，不再需要写检查点之前的记录，从而缩短数据库的重新激活时间。

ARCH（归档进程）：该进程将已填满的重做日志文件复制到指定的归档文件中。当日志是 ARCHIVELOG 使用方式、并可自动归档时，ARCH 进程才存在。

RECO（恢复进程）：该进程用于分布式数据库，维持在分布式环境中的数据的一致性，自动地解决分布式数据库中由于网络或系统故障导致挂起的分布式事务。

5. Oracle 服务器结构

Oracle 服务器主要由实例、数据库、系统全局区、程序全局区和前台进程组成。

1）实例

实例用来提供管理数据库的功能，由系统全局区（System Global Area，SGA）和后台进程组成。实例用来访问数据库且只能打开一个数据库，一个数据库可以被多个实例访问。

2）数据库

数据库中包含数据文件、控制文件、重做日志文件、参数文件、归档日志文件等。数据库的主要功能就是存储数据。

3）系统全局区

系统全局区（System Global Area，SGA）是系统分配的共享的内存结构，当数据库实例启动时，SGA 的内存被自动分配；当数据库实例关闭时，SGA 内存被回收；SGA 可以包含一个数据库实例的数据或控制信息。当多个用户连接到同一个数据库实例时，在实例的 SGA 中，数据可以被多个用户共享。SGA 是占用内存最大的一个区域，同时也是影响数据库性能的重要因素。SGA 主要包括高速数据缓冲区、重做日志缓冲区、共享池、大池、Java 池等。

4）程序全局区

程序全局区（Program Global Area，PGA）是内存中的一段特殊区域，包含了服务器进程的数据和控制信息，这个内存区是非共享的，只有服务器进程本身才能访问它自己的 PGA 区，而 SGA 区则是索引服务进程都可以共享的内存区。当服务器进程启动时，数据库服务器为它分配一段 PGA，这个 PGA 只能由当前服务器进程访问。

5）前台进程

前台进程包括用户进程和服务器进程。使用前台进程能实现用户与实例的沟通。

6. 创建数据库

可以使用图形界面方式的数据库配置向导（Database Configuration Assistant，DBCA）创建数据库，也可以使用命令方式创建数据库。

1）使用 DBCA 创建数据库

【练 1】 创建数据库 student。

操作步骤如下。

（1）选择"开始"→"所有程序"→Oracle-OraDb11g_home1→"配置和移植工具"→Database Configuration Assistant 命令，启动 DBCA，如图 4.25 所示。

（2）单击"下一步"按钮，出现"操作"窗口，在此窗口中选择"创建数据库"选项，如图 4.26 所示。在此窗口中，有 4 个选项，各选项的功能如下。

- 创建数据库：创建一个新的数据库。
- 配置数据库选件：对一个已经存在的数据库进行配置。
- 删除数据库：从数据库服务器中删除已存在的数据库。
- 管理模板：用于创建或删除数据库模板。当创建一个新的数据库模板后，就可以使用该模板创建与模板相同配置的数据库。

（3）单击"下一步"按钮，出现"数据库模板"窗口，选中"一般用途或事务处理"单选按

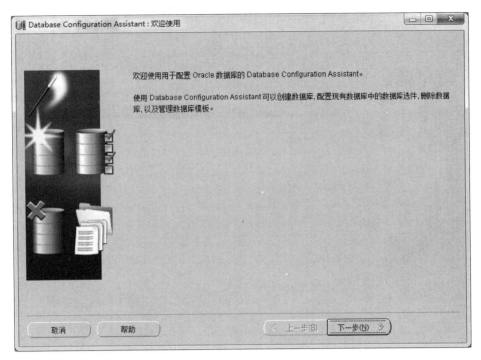

图 4.25　启动 DBCA

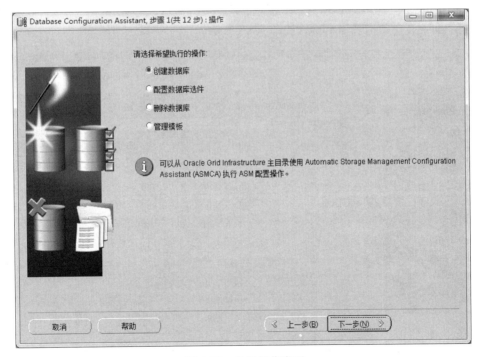

图 4.26　选择操作类型

钮,如图 4.27 所示。

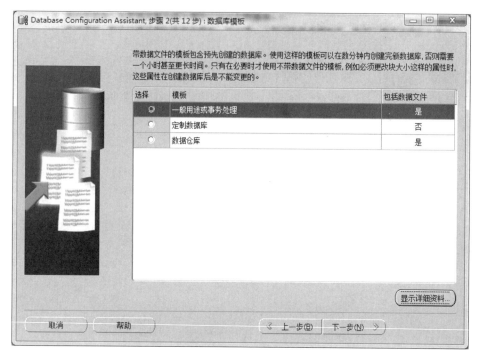

图 4.27　"数据库模板"窗口

（4）单击"下一步"按钮，出现"数据库标识"窗口，输入全局数据库名 student，SID 后边的文本框中会自动出现 student，如图 4.28 所示。

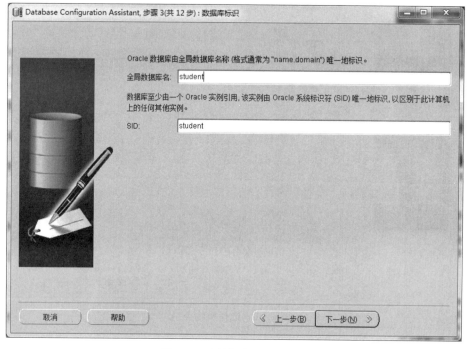

图 4.28　"数据库标识"窗口

（5）单击"下一步"按钮，出现"管理选项"窗口，保留默认选项，如图 4.29 所示。

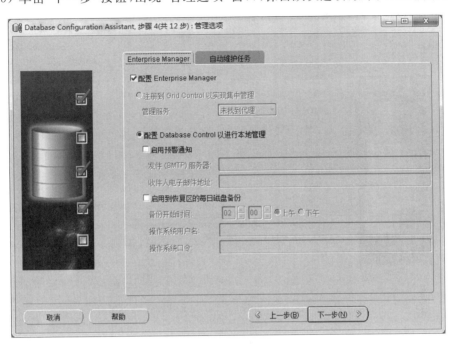

图 4.29 "管理选项"窗口

（6）单击"下一步"按钮，出现"数据库身份证明"窗口，选中"将所有账户使用同一管理口令"单选按钮，输入口令，如图 4.30 所示。

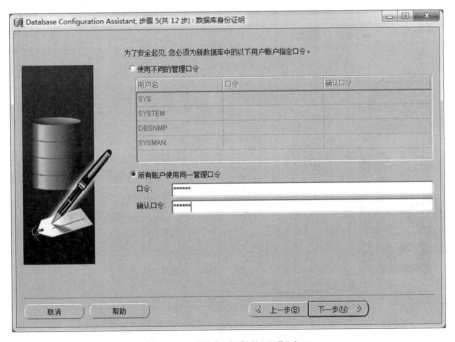

图 4.30 "数据库身份证明"窗口

（7）单击"下一步"按钮，出现"数据库文件所在位置"窗口，选中"使用模板中的数据库文件位置"单选按钮，如图 4.31 所示。

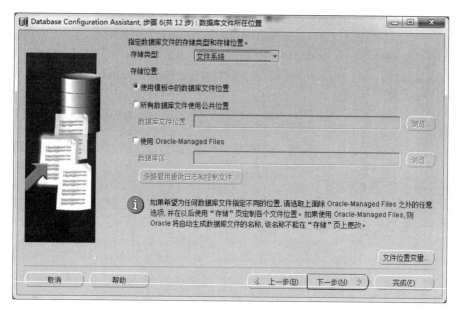

图 4.31　"数据库文件所在位置"窗口

（8）单击"下一步"按钮，出现"恢复配置"窗口，保持默认配置。单击"下一步"按钮，出现"数据库内容"窗口，选择是否将"示例方案"加入数据库。单击"下一步"按钮，出现"初始化参数"窗口，如图 4.32 所示，保持默认配置。单击"下一步"按钮，出现"数据库存

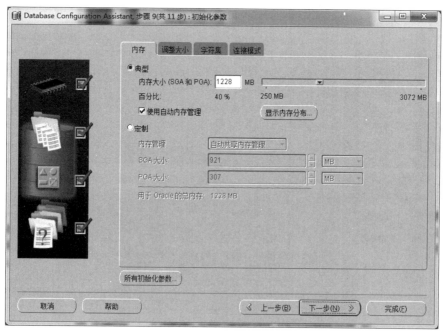

图 4.32　"初始化参数"窗口

储"窗口,在该窗口中,数据库文件以列表的形式显示,可以创建和删除有关对象,如图 4.33 所示。

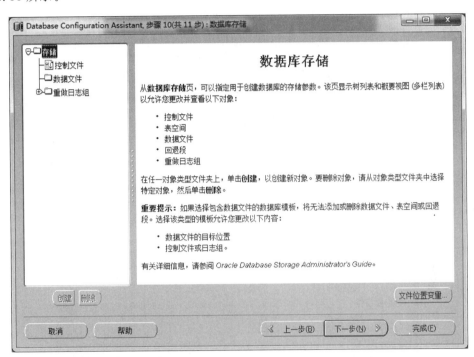

图 4.33　"数据库存储"窗口

(9) 单击"下一步"按钮,出现"创建选项"窗口,勾选"创建数据库"复选框,如图 4.34 所示。

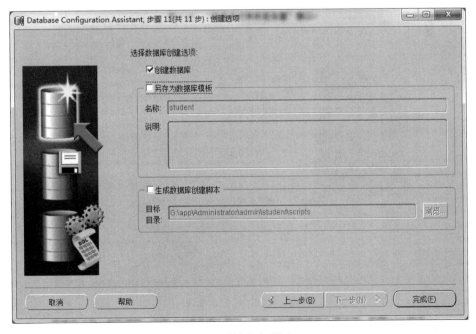

图 4.34　"创建选项"窗口

（10）单击"完成"按钮，弹出"确认"对话框，可以看到数据库的概要情况，如图 4.35 所示。单击"确定"按钮，开始数据库创建，如图 4.36 所示。数据库创建完毕，最后出现如图 4.37 所示的对话框。单击"退出"按钮，结束创建过程。

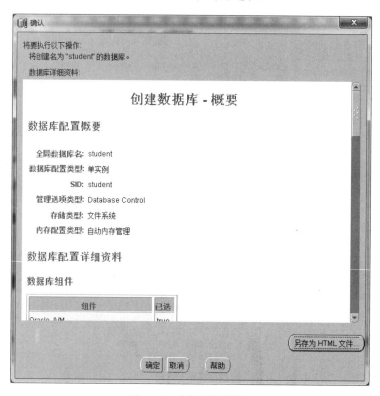

图 4.35　"确认"对话框

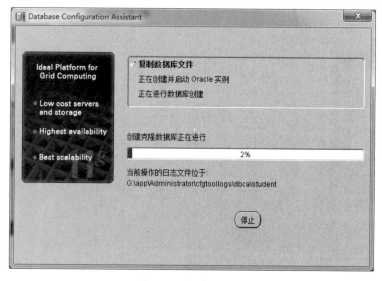

图 4.36　创建数据库

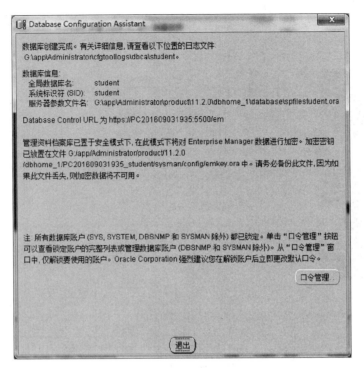

图 4.37　数据库创建完成对话框

2）使用命令方式创建数据库

除了使用 DBCA 创建数据库外，还可以使用命令方式来创建数据库。在创建数据库之前，应首先创建实例，并启动实例，再以 SYS 用户或者其他具有 SYSDBA 权限的用户连接到实例，将实例启动到 NOMOUNT 状态。再执行 CREATE DATABASE 命令创建数据库。利用命令创建数据库是一个较复杂的过程，在此不再赘述。

7. 删除数据库

可以使用图形界面方式的数据库配置向导（Database Configuration Assistant，DBCA）删除数据库，也可以使用命令方式删除数据库。

1）使用 DBCA 方式删除数据库

【练 2】　删除数据库 student。

操作步骤如下。

（1）选择"开始"→"所有程序"→Oracle-OraDb11g_home1→"配置和移植工具"→Database Configuration Assistant 命令，启动 DBCA。

（2）单击"下一步"按钮，出现"操作"窗口，选中"删除数据库"单选按钮，如图 4.38 所示。

（3）单击"下一步"按钮，出现"数据库"窗口，选择要删除的数据库 STUDENT，输入用户名 sys 和口令，如图 4.39 所示。

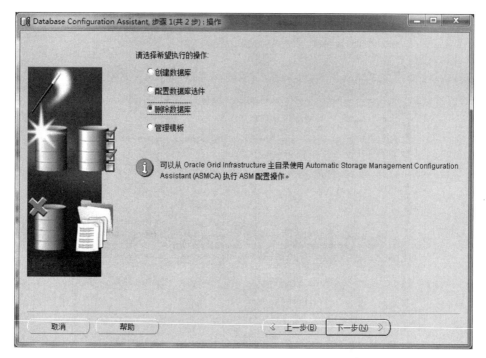

图 4.38 "操作"窗口

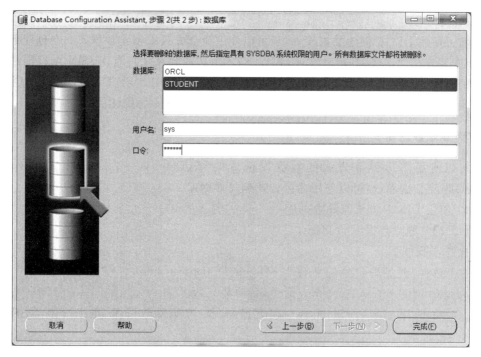

图 4.39 "数据库"窗口

（4）单击"完成"按钮，弹出"确认删除"对话框，如图 4.40 所示。单击"是"按钮，开始删除数据库,如图 4.41 所示。

图 4.40　"确认删除"对话框

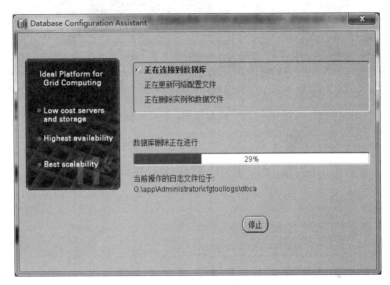

图 4.41　删除数据库

2) 使用命令方式删除数据库

可以使用 DROP DATABASE 命令删除数据库,在删除之前,用户要以 SYSDBA 或 SYSOPER 身份登录,并将数据库以 RESTRICT、MOUNT 模式启动。代码如下:

```
SQL>CONN SYS/口令 AS SYSDBA    (口令为 SYS 用户的密码)
SQL>SHUTDOWN  IMMEDIATE
SQL>STARTUP  RESTRICT  MOUNT
SQL>DROP  DATABASE;
```

注意:用命令方式删除数据库只会删除数据库文件(如控制文件、数据文件、日志文件),不会删除初始化参数文件及密码文件等。

以命令方式删除数据库如图 4.42 所示。

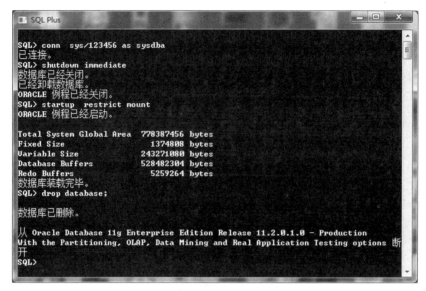

图 4.42   以命令方式删除数据库

实验 3   数据表的创建与管理

实验目的

(1) 掌握 Oracle 11g 表空间的建立方法。

(2) 掌握 Oracle 11g 的数据类型和创建、修改、删除表结构的方法。

(3) 掌握插入、修改、更新、删除、浏览表数据的方法。

实验内容

(1) 用 OEM 和命令两种方式建立表空间。

(2) 用 SQL Developer 和命令两种方式创建数据表。

(3) 用两种方式修改数据表结构。

(4) 向数据表中输入数据。

(5) 浏览和修改数据表中的数据。

(6) 删除数据表。

相关知识与过程

表是数据库中最基本的对象,是数据管理的基本单元,用户的数据在数据库中是以表的形式存储的。在逻辑结构上,表位于某个表空间。当创建一个表时,将同时创建一个段,专门用来存放表中的数据。在物理结构上,表中的数据都存放在数据块中,因而在数据块中存放的是一行数据。

在 Oracle 中,用户的默认永久性表空间为 system,默认临时表空间为 temp。如果所有的用户都使用默认的表空间,无疑会增加 system 与 temp 表空间的负担。

Oracle 允许使用自定义的表空间作为默认的永久性表空间,允许使用自定义临时表空间作为默认临时表空间。

1. 表空间的建立

表空间可以通过 OEM 以图形界面方式创建,也可以用命令方式创建。

1) 使用 OEM 创建表空间

【练 1】　创建表空间 testspace1。

操作步骤如下。

(1) 在浏览器的地址栏中输入 OEM 的 URL 地址 http://localhost:1158/em/,或者选择"开始"→"所有程序"→Oracle-OraDb11g_home1→Database Control-orcl 命令,启动 OEM。

(2) 出现 OEM 的登录界面后,在"用户名"右边的文本框中输入登录用户名 system,在"口令"右边的文本框中输入相应的密码。

(3) 单击"登录"按钮,进入"数据库实例:orcl"主目录属性页,选择"服务器"属性页,如图 4.43 所示。

图 4.43　"服务器"属性页

(4) 单击左边的"表空间",出现"表空间"窗口,如图 4.44 所示。

(5) 单击右边的"创建"按钮,出现创建表空间的"一般信息"窗口,在"名称"右边的文本框中输入表空间名称 testspace1。区管理选择"本地管理",表空间类型选择"永久",状态选"读写",如图 4.45 所示。

(6) 单击右下方的"添加"按钮,出现"添加数据文件"窗口,在"文件名"右边的文本框中输入数据文件名称 test01.dbf,文件目录保留默认值,文件大小为 100MB,勾选"数据文

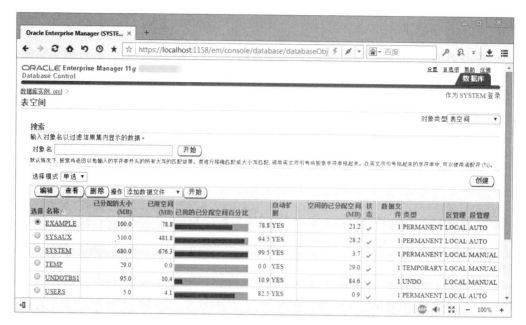

图 4.44 "表空间"窗口

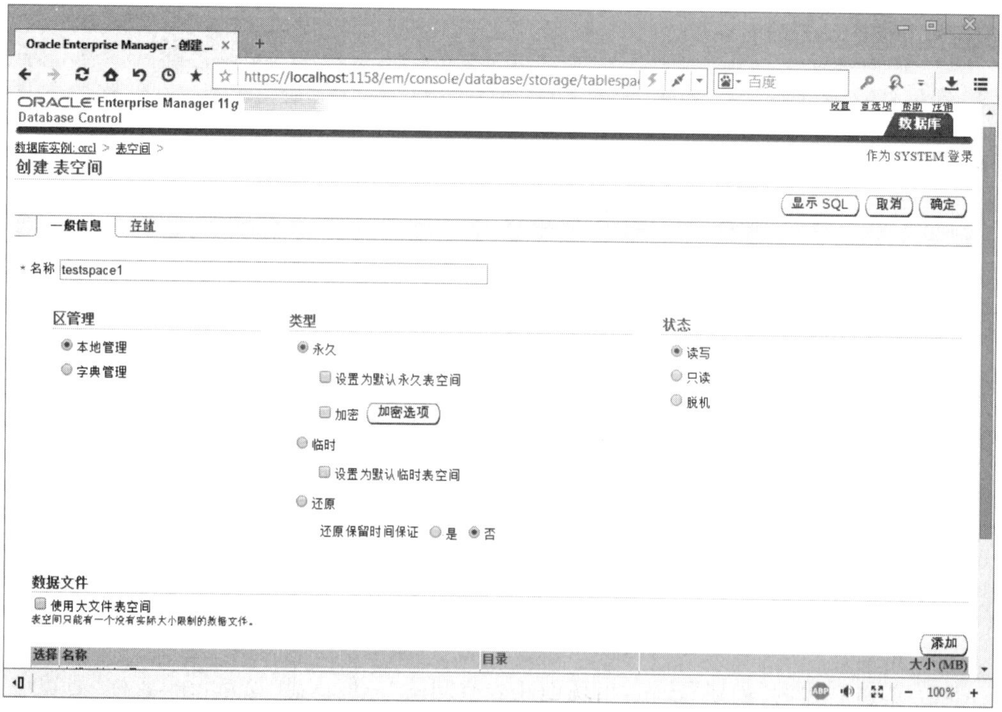

图 4.45 "一般信息"窗口

件满后自动扩展(AUTOEXTEND)"复选框,增量设置为 3MB,最大文件大小无限制,如图 4.46 所示。

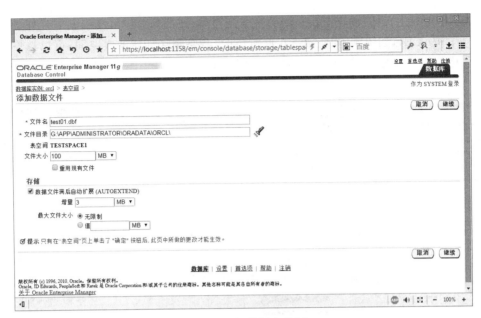

图 4.46 "添加数据文件"窗口

（7）单击"继续"按钮，回到创建表空间的"一般信息"窗口，在此窗口中可以看到刚才添加的数据文件 test01.dbf，如图 4.47 所示。"存储"选项页中的设置不用改动，取默认值即可。

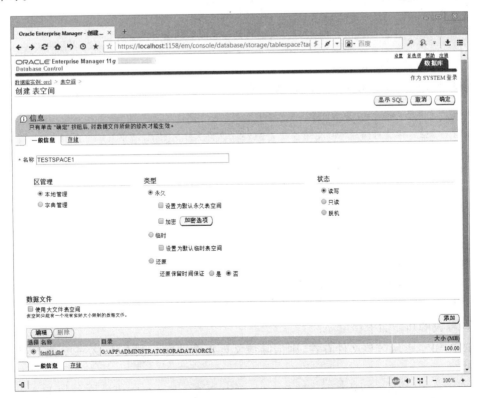

图 4.47 添加数据文件后的界面

（8）单击右上角的"确定"按钮，回到表空间窗口，在此窗口中可看到刚刚建好的表空间 TESTSPACE1，如图 4.48 所示。在此窗口中，若要删除创建的表空间，可以选中此表空间名称前的单选按钮，再单击上边的"删除"按钮，在之后弹出的窗口中单击"是"按钮即可删除。

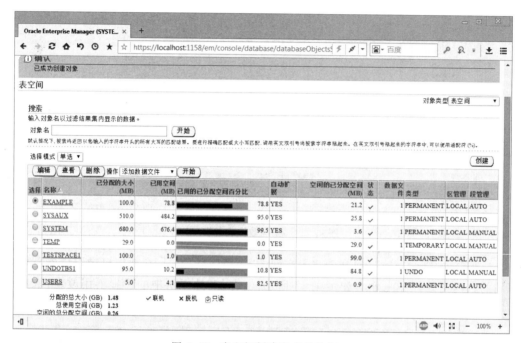

图 4.48　表空间创建完成后的窗口

2）使用命令创建表空间

可以使用 CREATE TABLESPACE 命令来创建表空间，其基本语法如下：

```
CREATE TABLESPACE <表空间名>
DATAFILE  '<文件路径>\<文件名>'  SIZE <文件大小>[K|M] [REUSE] [,…]
AUTOEXTEND [OFF|ON] [NEXT <空间大小>[K|M]]
[MAXSIZE <最大磁盘空间大小>[K|M]|UNLIMITED]
[MININUM EXTENT <整数值>[K|M]
[DEFAULT  STORAGE storage_clause]
[ONLINE|OFFLINE]
[LOGGING|NOLOGGING]
[PERMANENT|TEMPORARY]
[EXTENT MANAGEMENT DICTIONARY
|LOCAL [AUTOALLOCATE|UNIFORM SIZE <整数值>[K|M]]]
```

各参数的功能如下。

REUSE：表示若该文件存在，则清除该文件再重新建立该文件；若该文件不存在，则创建该文件。

AUTOEXTEND ［OFF|ON］［NEXT ＜空间大小＞［K|M］］：表示数据文件为自

动扩展(ON)或非自动扩展(OFF),默认为 OFF。若为自动扩展,没有 NEXT 的值,则每次自动增长 8KB。

MAXSIZE:指定数据文件所占的最大磁盘空间大小,UNLIMITED 指数据文件所占的磁盘空间大小没有限制。

MINIMUN　EXTENT:指定最小长度,由操作系统和数据库的块决定。

DEFAULT　STORAGE:指定以后要创建的表、索引及簇的存储参数值。

ONLINE|OFFLINE:指定表空间可以联机或脱机,默认为联机。

LOGGING|NOLOGGING:指定该表空间内的表在加载数据时是否产生日志,默认为产生日志(LOGGING)。

PERMANENT|TEMPORARY:指定创建的表空间是永久性表空间,还是临时表空间,默认为永久性表空间。

EXTENT MANAGEMENT DICTIONARY|LOCAL:指定表空间的扩展方式是使用数据字典管理,还是本地管理,默认为本地管理。

AUTOALLOCATE|UNIFORM SIZE:如果采用本地管理表空间,在表空间扩展时,须指定每次盘区扩展的大小是由系统自动指定,还是按照同等大小进行。

【练 2】　创建表空间 testspace2,大小为 80MB,自动扩展数据文件,最大为 1000MB。

```
CREATE TABLESPACE testspace2
    DATAFILE  'G:\app\Administrator\oradata\testspace2.dbf'
    SIZE 80M  AUTOEXTEND ON MAXSIZE 1000M;
```

执行效果如图 4.49 所示。

图 4.49　以命令方式创建表空间

2. Oracle 11g 的数据类型

Oracel 11g 提供许多数据类型,不同的数据类型有不同的使用要求。Oracle 11g 提供的系统主要数据类型见表 4.2。

表 4.2　Oracel 11g 提供的系统主要数据类型

分类	数据类型	长　度	描　述
字符型	CHAR(n[BYTE|CHAR])	默认 1B,n 值最大为 2000	末尾填充空格,以达到指定长度,若超过最大长度,就报错。默认指定长度为字节数,字符长度可以为 1~4B

分类	数据类型	长度	描述
字符型	NCHAR(n)	默认 1 字符,最大存储内容为 2000B	末尾填充空格,以达到指定长度,n 为 Unicode 字符数,默认为 1B
	NVARCHAR2(n)	最大长度必须指定,最大存储内容为 4000B	变长类型。n 为 Unicode 字符数
	VARCHAR2(n[BYTE|CHAR])	最大长度必须指定,至少为 1B 或者 1 字符,n 值最大为 4000	变长类型。若超过最大长度,就报错。默认存储的是长度为 0 的字符串
	VARCHAR	同 VARCHAR2	不建议使用
数字型	NUMBER(p[,s])	1~22B p 的取值范围为 1~38 s 的取值范围为 $-84 \sim 127$	存储定点数,值的绝对值范围为 $1.0 \times 10^{-130} \sim 1.0 \times 10^{126}$。值大于等于 1.0×10^{126} 时报错。p 为有意义的十进制位数,正值 s 为小数位数,负值 s 表示四舍五入到小数点左部多少位
	BINARY_FLOAT	5B,其中有一长度字节	32 位单精度浮点数类型。符号位 1 位、指数位 8 位、尾数位 23 位
	BINARY_DOUBLE	9B,其中有一长度字节	64 位双精度浮点数类型
	INTEGER	相当于 NUMBER(38)	存储整数
	INT	相当于 NUMBER(38)	存储整数
日期、时间型	DATE	7B	默认值为 SYSDATE 的年、月、日为 01。包含一个时间字段,若插入值没有时间字段,则默认值为 00:00:00 或 12:00:00。没有分秒和时间区
	TIMESTAMP [(fractional_seconds_precision)]	7~11B	fractional_seconds_precision 为 Oracle 存储秒值小数部分位数,默认为 6,可选值为 0~9。没有时间区
	TIMESTAMP [(fractional_seconds_precision)] WITH TIME ZONE	13B	使用 UTC,包含字段 YEAR、MONTH、DAY、HOUR、MINUTE、SECOND、TIMEZONE_HOUR、TIMEZONE_MINUTE
	TIMESTAMP [(fractional_seconds_precision)] WITH LOCAL TIME ZONE	7~11B	存时使用数据库时区,取时使用回话的时区
	INTERVAL YEAR [(year_precision)] TO MONTH	5B	包含年、月的时间间隔类型。year_precision 是年字段的数字位数,默认为 2,可取 0~9

续表

分类	数据类型	长度	描述
日期、时间型	INTERVAL DAY〔(day_precision)〕 TO SECOND〔(fractional_seconds precision)〕	11B	day_precision 是月份字段的数字位数,默认为 2,可取 0~9
大对象类型	BLOB	最大为$(2^{32}-1)\times$数据库块大小	存储非结构化二进制文件,支持事务处理
	CLOB	最大为$(2^{32}-1)\times$数据库块大小	存储单字节或者多字节字符数据,支持事务处理
	NCLOB	最大为$(2^{32}-1)\times$数据库块大小	存储 Unicode 数据,支持事务处理
	BFILE	最大为 $2^{32}-1$B	LOB 地址指向文件系统上的一个二进制文件,维护目录和文件名。不参与事务处理。只支持只读操作
其他型	LONG	最大为 2^{31}b	变长类型,存储字符串。创建表时不要使用该类型
	RAW(n)	最大为 2000B,n 为字节数,必须指定 n	变长类型,字符集发生变化时不会改变值
	LONG RAW	最大为 2^{31}B	变长类型,不建议使用,建议转化为 BLOB 类型,字符集发生变化时不会改变值
	ROWID	10B	代表记录的地址。显示为 18 位的字符串。用于定位数据库中一条记录的一个相对唯一地址值。通常情况下,该值在该行数据插入到数据库表时即被确定且唯一
	UROWID(n)	最大为 4000B	表示索引结构表中一行的逻辑地址

3. 表的创建

本章以 ORCL 数据库为例,创建 student(学生信息)表、teacher(教师信息)表、course(课程信息)表、score(成绩信息)表等。各表的表结构分别见表 4.3~表 4.6。

表 4.3　student(学生信息)表结构

列　名	数据类型	是否允许空值	是否主键	说　明
sno	char(10)		是	学生学号
sname	varchar2(10)			学生姓名
ssex	char(2)	是		性别
major	varchar2(18)	是		专业
sbirth	date	是		出生日期

列　名	数　据　类　型	是否允许空值	是否主键	说　明
sacademy	varchar2(12)	是		所在学院
sclass	char(8)	是		所在班级
totalcredit	int	是		总学分

表 4.4　teacher(教师信息)表结构

列　名	数　据　类　型	是否允许空值	是否主键	说　明
tno	varchar2(6)		是	教师编号
tname	varchar2(8)			教师姓名
tsex	char(2)	是		性别
prof	varchar2(10)	是		职称
tacademy	varchar2(12)	是		所在学院
phone	varchar2(12)	是		联系电话

表 4.5　course(课程信息)表结构

列　名	数　据　类　型	是否允许空值	是否主键	说　明
cno	char(6)		是	课程编号
cname	varchar2(16)			课程名称
type	varchar2(10)	是		课程类型
period	int	是		学时
credit	number(5,1)	是		学分
tno	varchar2(6)	是		教师编号

表 4.6　score(成绩信息)表结构

列　名	数　据　类　型	是否允许空值	是否主键	说　明
sno	char(10)		是	学生学号
cno	char(6)		是	课程编号
grade	number(5,1)	是		成绩
term	varchar2(14)	是		开课学期

在 Oracle 11g 中,创建数据表有 3 种方法:用命令创建数据表;用 SQL Developer 创建数据表;用 OEM 创建数据表。这里重点介绍前两种创建表的方法。

1) 在 SQL Developer 中创建数据表

【练3】　以表 4.4 所示的 teacher(教师信息)表为例,在 SQL Developer 环境下创建表。

创建 teacher 表的步骤如下。

(1) 启动 SQL Developer,展开“连接”结点下的数据库连接 conn1,右击“表”项,在弹出的快捷菜单中选择“新建表”命令,如图 4.50 所示。

(2) 在弹出的如图 4.51 所示的“创建表”对话框中,在“名称”右边的文本框中输入表名 teacher,在列名下面输入 tno,在“大小”下面输入 6,在“类型”下拉列表框中选择

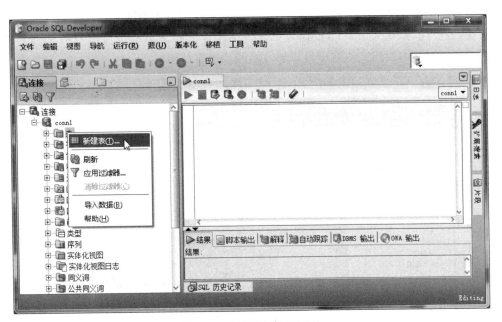

图 4.50 选择"新建表"命令

VARCHAT2,勾选"主键"下面的复选框。输完一列信息后,单击下面的"添加列"按钮可以增加新的列。

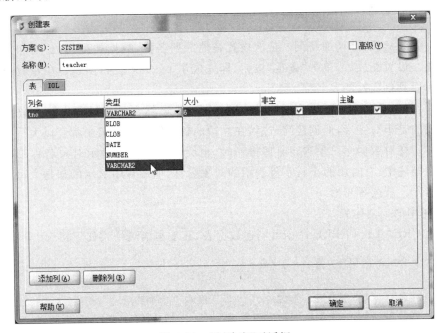

图 4.51 "创建表"对话框

(3) 类型下拉列表框里只有 5 种数据类型可供选择,若要选择其他数据类型或者对英文列名进行中文说明等,可以勾选右上角的"高级"复选框,此时在弹出的对话框中可以进行更多的操作,如图 4.52 所示。"单位"下拉列表框中有 BYTE 和 CHAR 两种单位可供选择,若没选,默认采用 BYTE 作为单位。在注释下的文本框里可以对英文列名进行说明。在"默认"右边的文本框中可以输入列的初始默认值。

图 4.52 "创建表"高级选项对话框

(4) 单击 按钮,增加新列。依次设置其他的列名称、数据类型、列长度和是否允许空等选项。设置完成后,单击"确定"按钮,即完成了 teacher 表的创建。在左边的"表"项下面可以看到创建好的表名称 teacher。

说明:在 SQL Developer 下创建数据库对象时,虽然在创建过程中输入数据库对象名称时用的是小写字母,但创建完成后,在左边的数据库对象列表中都会以大写字母显示对象名称。在对数据库对象进行某些操作时,也会以大写字母显示对象名称。在本书后边的文字描述中,有时用的小写字母表示的对象名称,但图片中显示的却是大写字母表示的对象名称。请读者知悉。

2) 使用命令创建表

使用 CREATE TABLE 命令可创建数据表,其基本语法格式如下:

```
CREATE TABLE [<用户方案名>.] <表名>
(
    <列名 1>   <数据类型>   [DEFAULT <默认值>]   [<列约束>]
    <列名 2>   <数据类型>   [DEFAULT <默认值>]   [<列约束>]
    [,…n]
    <表约束>[,…n]
)
    [ON COMMIT {DELETE | PRESERVE} ROWS]
    [CLUSTER cluster_name(column1_name[ ,column2_name ] …)]
```

```
[PCTFREE <数字值>]
[PCTUSED <数字值>]
[INITRANS <数字值>]
[MAXTRANS <最大并发事务数>]
[RECOVERABLE | UNRECOVERABLE]
[TABLESPACE <表空间名>]
[LOGGING|NOLOGGING]
[CACHE | NO CACHE]
[COMPRESS|NOCOMPRESS]
[STORGE <参数>]
[AS <子查询>]
```

上述格式中的部分参数说明如下。

ON COMMIT：控制临时表中行的有效期。DELETE 说明这些行在事务的末尾要被删除。PRESERVE 说明这些行在用户会话的末尾要被保留。如果对临时表没有指定 ON COMMIT 选项，则默认值为 DELETE。

cluster_name：簇名，要在此处创建表的聚簇。

PCTFREE：指定每个块用于保留给数据修改空间的百分比，即保留该百分比的空间暂时不用，当修改数据时存放扩张出来的数据。

PCTUSED：行插入备选块的空间使用阈值的百分比，当数据块的已用空间比例低于该值时，可向其中插入数据。

INITRANS：支持并发操作的初始事务量（需为它们保留部分块空间），默认值为 5。

MAXTRANS：支持并发操作的最大事务量（需为它们保留部分块空间），默认值为 25。

RECOVERABLE | UNRECOVERABLE：RECOVERABLE 指定该表可恢复；UNRECOVERABLE 指定该表不可恢复。

TABLESPACE <表空间名>：指出当前创建的表放置在哪个表空间中。

LOGGING|NOLOGGING：指定是否保留重做日志。

CACHE | NO CACHE：CACHE 指明利用系统缓存来提高表数据的查询效率，默认使用 NOCACHE。

COMPRESS|NOCOMPRESS：指定是否压缩。

STORGE <参数>：用于指定盘区存储参数。参数可以为：INITIAL，初始化盘区大小，以 K(KB) 或 M(MB) 为单位；NEXT，下一个盘区大小；MINEXTENTS，最小盘区数；MAXEXTENTS，最大盘区数，用于限制用户的存储空间占用；PCTINCREASE，下一个区间相对于前一个区间大小的增量。

AS <子查询>：一个将要用来定义新表的 SQL SELECT 语句，将由子查询返回的记录插入到建立的表中。

【练 4】　用 CREATE TABLE 语句创建表 4.5 所示的课程信息表 course。

```
CREATE TABLE course
(cno            char(6)              NOT NULL PRIMARY KEY,
```

```
cname        varchar2(16)      NOT NULL,
type         varchar2(10)      NULL,
period       int               NULL,
credit       number(5,1)       NULL,
tno          varchar2(6)       NULL
);
```

在 SQL Developer 环境中,展开连接 conn1 后,单击工具栏中的 按钮,会弹出 SQL 工作表窗口,在窗口中输入上述命令,单击 (运行脚本)按钮(或按 F5 键)运行脚本,在下面的"脚本输出"窗格中会显示"CREATE TABLE 成功",如图 4.53 所示。

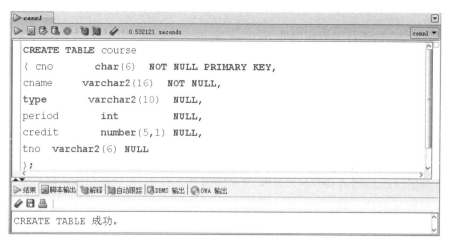

图 4.53　创建 cousre 表结构

也可以在 SQL Plus 环境下执行命令。

【练 5】　用 CREATE TABLE 语句创建表 4.6 所示的成绩信息表 score。启动 SQL Plus,输入相关命令,然后执行,如图 4.54 所示。

图 4.54　在 SQL Plus 中创建表结构

4. 修改表的结构

用户在创建表以后,有时可能需要对所创建的表结构进行修改。可以利用 SQL

Developer 修改表结构,也可以利用命令修改表结构。

1) 在 SQL Developer 中修改表结构

操作步骤如下。

(1) 启动 SQL Developer,展开"连接"结点下的数据库连接 conn1,再展开"表"项,找到要修改结构的数据表,如 course 表,然后右击,在快捷菜单中选择"编辑"命令,如图 4.55 所示。

图 4.55 选择"编辑"命令

(2) 在弹出的"编辑表"对话框中,可以进行列名、大小、数据类型、允许 Null 值等的修改,也可增加或删除列。在选中列的同时,左侧出现约束类型,可以为列添加或修改约束等,如图 4.56 所示。

2) 利用命令修改表结构

可以使用 ALTER TABLE 语句来修改表,其语法格式如下:

```
ALTER TABLE [<用户方案名>.] <表名>
[ ADD(<新列名><数据类型>[DEFAULT <默认值>][列约束],…n)]
[ MODIFY([<列名>[<数据类型>] [DEFAULT <默认值>][列约束],…n)]
[ STORAGE <存储参数>]
[<DROP 子句>]
```

其中,<DROP 子句>语法格式:

```
<DROP 子句> ::=
DROP COLUMN <列名> | PRIMARY [KEY]
    |UNIQUE(<列名>,…n)
    |CONSTRAINT <约束名>
```

图 4.56 "编辑表"对话框

```
|[ CASCADE ]
}
```

主要参数功能如下。

ADD 子句：增加列或列的约束到原有的表中。

MODIFY 子句：对表中原有的列或约束进行修改。

STORAGE 子句：修改存储参数。

DROP：用于从表中删除列或约束。删除表约束条件时，若使用 CASCADE 关键字，则将级联删除其他表中与该删除列有关的约束，如删除主键约束时，对应的外键约束也删除。

【练 6】 为 teacher 表增加一列 address。

```
ALTER TABLE  teacher
ADD  address  varchar2(30);
```

【练 7】 修改 teacher 表中 address 字段的长为 50。

```
ALTER TABLE  teacher
MODIFY  address  varchar2(50);
```

【练 8】 删除 course 表的主键。

```
ALTER TABLE  course
DROP PRIMARY KEY;
```

【练 9】 删除 teacher 表中的 address 字段。

```
ALTER TABLE teacher
DROP COLUMN address;
```

5．为数据表输入数据

为数据表输入数据的方式有多种，可以通过命令方式添加，也可以通过 SQL Developer 进行添加。这里以 course 数据表为例，介绍在 SQL Developer 环境下录入数据。

1）在 SQL Developer 下录入数据

操作步骤如下。

（1）启动 SQL Developer，展开"连接"结点下的数据库连接 conn1，再展开"表"项，单击要输入记录的数据表 course，出现图 4.57 所示的窗口。

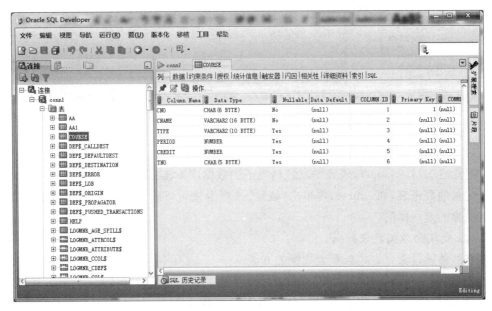

图 4.57　打开 course 表

（2）选择表名下方的"数据"选项卡，再单击"插入行"按钮，在记录显示区域插入一行空白行，就可以输入记录内容了。输入一行数据以后，再单击"插入行"按钮插入新的数据行，如图 4.58 所示。输入数据完成后，单击"提交"按钮，提交数据更改。也可通过单击"刷新"按钮，从弹出的对话框中单击"是"按钮完成数据的提交操作。

2）以命令方式录入数据

以命令方式录入数据是用 INSERT 命令向数据表里添加数据，可参考教材上的命令格式来使用。

6．数据浏览与修改

1）浏览数据

如果在数据输入完成后还想查看表中的数据，可以通过以下方式实现。

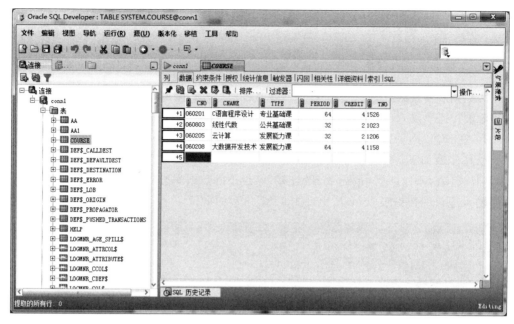

图 4.58　输入数据

（1）在 SQL Developer 中查看。

启动 SQL Developer，展开"连接"结点下的数据库连接 conn1，再展开"表"项，单击要浏览记录的数据表，如 course，再单击"数据"选项卡就可以看到表的全部数据了，和输入记录的界面是一样的。

（2）利用命令浏览表数据。

有两种通过命令方式查看表数据的方法。

① 启动 SQL Server，在 SQL Developer 环境中展开连接 conn1 后，单击工具栏中的按钮，会弹出 SQL 工作表窗口，在窗口中输入查询命令。

【练 10】　查询 course 表中的数据，代码如下：

```
select *  from  course;
```

单击 ▶（执行语句）按钮（或按 F9 键）运行脚本，在下面的"结果"窗格中就会显示 course 表的全部内容，如图 4.59 所示。

② 在 SQL Plus 环境下执行查询命令，同样可以浏览数据表中的数据。

2）修改数据

有两种方法可以修改数据。

① 启动 SQL Developer，展开"连接"结点下的数据库连接 conn1，再展开"表"项，单击要浏览记录的数据表，如 course，再单击"数据"选项卡，就可以看到表的全部数据了，直接修改即可。若要删除记录，则选定记录行，然后单击"删除所选行" ✖ 按钮，修改完后单击"提交"按钮就可以了。

② 可以通过 INSERT、UPDATE、DELETE 命令来修改，也可以参照教材上的命令

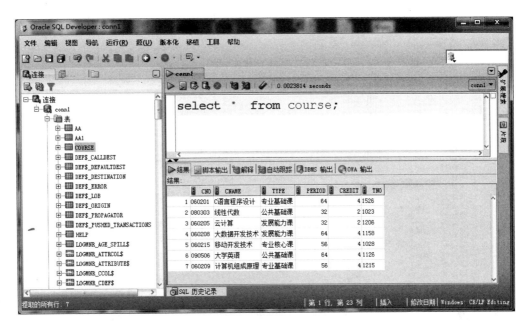

图 4.59　浏览数据表 course

来修改,在此不再赘述。

7. 表的删除

可以用 SQL Developer 来删除表,也可以利用命令来删除表。

1) 通过 SQL Developer 删除表

【练 11】　删除 course 表。

操作步骤如下。

(1) 启动 SQL Developer,展开"连接"结点下的数据库连接 conn1,再展开"表"项,找到要删除的数据表 course,然后右击,在快捷菜单中选择"表",在级联菜单中选择"删除"命令,如图 4.60 所示。

(2) 在弹出的"删除"对话框中,可以级联删除约束条件,单击"应用"按钮,便可删除选定的数据表,如图 4.61 所示。

2) 使用命令删除表

语法格式如下:

```
DROP TABLE [<用户方案名>.]<表名>
```

【练 12】　删除 teacher 数据表。

```
DROP TABLE  teacher;
```

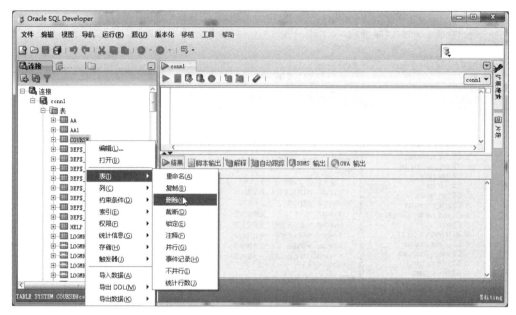

图 4.60 选择"删除"命令

图 4.61 删除表 course

实验 4 简 单 查 询

实验目的

(1) 掌握 Oracle 11g 查询命令的基本功能。

(2) 学会用命令进行简单查询。

实验内容

(1) 单表简单查询。

（2）为列取别名并返回前 *n* 行。

（3）WHERE 条件查询、用逻辑运算符进行查询。

（4）ORDER BY、GROUP BY、HAVING 子句的使用。

相关知识与过程

1. SELECT 基本语法的构成

SQL 的核心是查询。SQL 的查询命令也称为 SELECT 命令，它的基本形式由 SELECT-FROM-WHERE 查询块组成。SELECT 基本的语法格式如下：

```
SELECT [ALL|DISTINCT] select_list
FROM {table_name|view_name}[,…n]
[WHERE <search_condition>]
[GROUP BY <group_by_expression>]
[HAVING <search_condition>]
[ORDER BY order_expression[ ASC | DESC ] ]
```

各参数的功能如下：

ALL：不去掉重复元组，默认值为 ALL。

DISTINCT：在结果集中消除重复的元组。

select_list：查询列的列表。

FROM：查询所基于的表或视图。

WHERE：查询条件。

GROUP BY <group_by_expression>：对数据进行分组。

HAVING　<search_condition>：分组后的筛选条件。

ORDER BY order_expression：根据某个(些)列对结果集排序。

ASC|DESC：ASC 表示按升序排列，DESC 表示按降序排列，默认为升序。

2. 单表简单查询

启动 SQL Developer，展开"连接"结点下的数据库连接 conn1，会弹出"SQL 工作表"窗口，以便输入相关命令。

【练 1】　查询 student 表中的全部学生信息。

```
SELECT  *  FROM  student;
```

执行效果如图 4.62 所示。

说明：在 FROM 子句后可以同时指定多个表，每个表之间用逗号隔开。如：

```
SELECT * FROM student,course;
```

【练 2】　查询 student 表中不同的专业名称。

```
SELECT  DISTINCT major  FROM student;
```

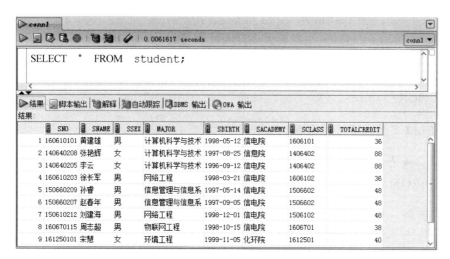

图 4.62　查询 student 表中的全部信息

执行效果如图 4.63 所示。

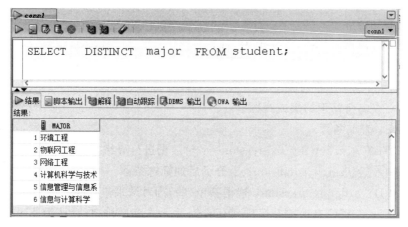

图 4.63　查询专业名称信息

3. 为列取别名并返回前 n 行

【练 3】　从 teacher 表中查询教师编号、教师姓名、性别、职称的相关数据,并且为这些列取别名,同时只返回前 5 条记录。

```
SELECT  tno  AS "教师编号",tname AS "教师姓名",tsex AS "性别",prof  AS "职称"
FROM teacher  WHERE ROWNUM<=5;
```

说明:

(1) ROWNUM 是一个序列,是 Oracle 数据库从数据文件或缓冲区中读取数据的顺序。它取得第一条记录,则 ROWNUM 值为 1,取得第二条记录,则 ROWNUM 值为 2,依次类推。

(2) 别名可以用双引号,也可以不用。

（3）AS 关键字是可选的。

执行效果如图 4.64 所示。

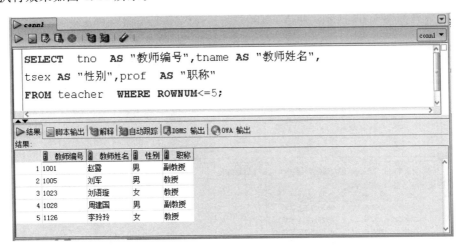

图 4.64　为列取别名并返回前 5 行

4. 单表条件查询

【练 4】　从 student 表中查询"网络工程"专业的学生，并在查询结果中显示学生学号、学生姓名、专业、总学分。

```
SELECT sno,sname,major, totalcredit
FROM student
WHERE major='网络工程';
```

执行效果如图 4.65 所示。

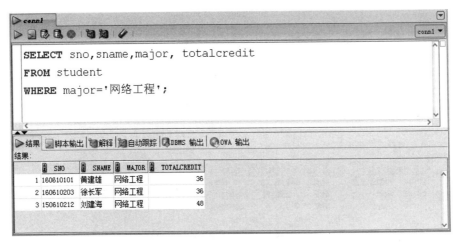

图 4.65　用等号进行条件查询

【练 5】　从 score 表中，查询成绩大于 85 分以上的学生成绩信息。

```
SELECT  *   FROM score
WHERE grade>85;
```

执行效果如图 4.66 所示。

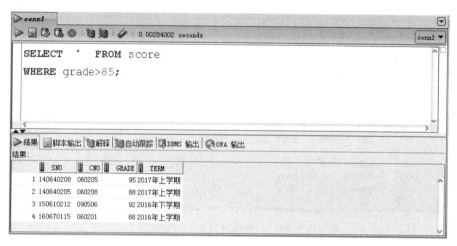

图 4.66　条件查询

5. 用逻辑运算符查询

【练 6】　从 teacher 表中，查询性别为"女"，并且职称是"教授"的教师信息。

```
SELECT *
FROM teacher
WHERE tsex='女' AND  prof='教授';
```

执行效果如图 4.67 所示。

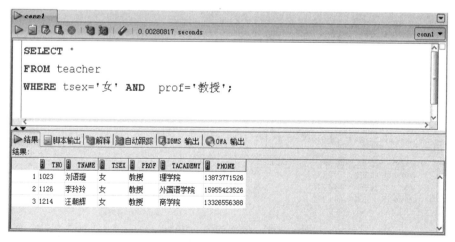

图 4.67　用 AND 逻辑运算符进行查询

【练 7】　从 score 表中，查询成绩在 85~90 的学生成绩信息。

```
SELECT *
FROM score
WHERE grade BETWEEN 85 AND 90;
```

执行效果如图 4.68 所示。

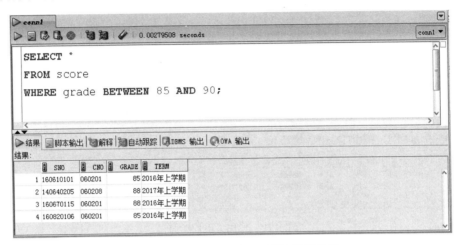

图 4.68　用 BETWEEN…AND 进行查询

【练 8】　从 teacher 表中，查询教师编号是 1001、1023、1213、1214 之一且所在学院不是理学院、商学院的教师信息。

```
SELECT *
FROM teacher
WHERE tno IN('1001','1023','1213', '1214')
    AND tacademy  NOT IN('理学院', '商学院');
```

执行效果如图 4.69 所示。

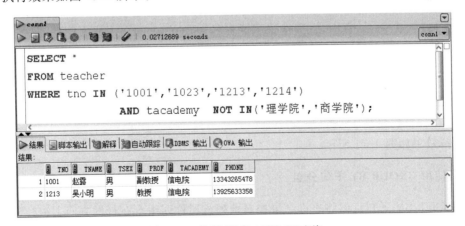

图 4.69　使用 IN 和 NOT IN 查询

【练 9】　从 teacher 表中，查询姓"刘"的教师信息。

```
SELECT *
FROM teacher
WHERE tname LIKE '刘%';
```

执行效果如图 4.70 所示。

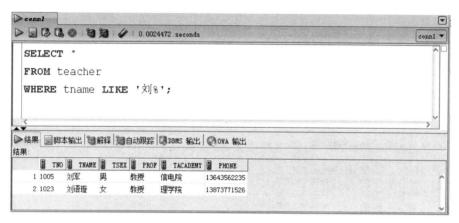

图 4.70　使用 LIKE 查询

6. 使用 ORDER BY 子句排序

使用 ORDER BY 子句可以对查询的结果进行升序(ASC)或降序(DESC)排列。利用 ORDER BY 子句进行排序,需要注意的事项和原则如下。

* 默认情况下,结果集按照升序排列。
* ORDER BY 子句包含的列并不一定出现在选择列表中。
* ORDER BY 子句可以通过指定列名、函数值和表达式的值进行排序。
* ORDER BY 子句可以同时指定多个排序项,先按前面的列排序,如果值相同,再按后面的列排序。

【练 10】 从 score 表中,查询选修了课程号为 060201 的学生成绩信息,并按成绩降序排列。

```
SELECT  *  FROM score
WHERE cno='060201'
ORDER BY grade DESC;
```

执行效果如图 4.71 所示。

7. 使用 GROUP BY 子句分组

GROUP BY 子句可以将查询结果按属性列或属性列组合在行的方向上进行分组,每组在属性列或属性列组合上具有相同的聚合值。

【练 11】 从 teacher 表中,统计不同职称的教师人数。

```
SELECT  prof  AS  职称,count(*)  AS 人数
```

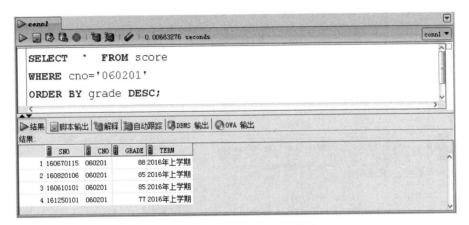

图 4.71　利用 ORDER BY 排序

FROM teacher

GROUP BY prof;

执行效果如图 4.72 所示。

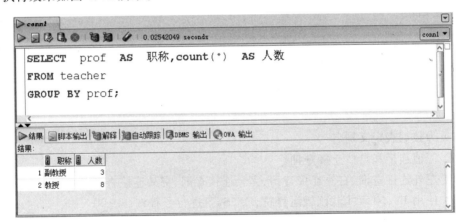

图 4.72　利用 GROUP BY 分组

8. 使用 HAVING 子句

【练 12】　从 score 表中,查询选修课程在 2 门或 2 门以上的学生学号和选课数。

SELECT sno,COUNT(cno)AS 课程数

FROM score

GROUP BY sno

HAVING count(＊)>=2;

执行效果如图 4.73 所示。

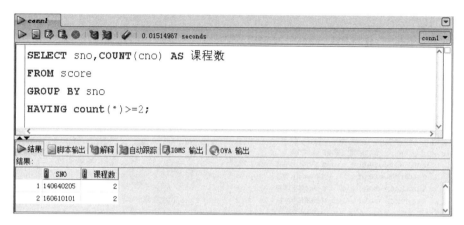

图 4.73 使用 HAVING 子句

实验 5 连接和嵌套查询

实验目的

(1) 掌握 Oracle 11g 连接查询。

(2) 掌握 Oracle 11g 嵌套查询。

实验内容

(1) 为数据表定义别名。

(2) 等值连接和自然连接查询。

(3) 左外连接查询、右外连接查询、完全连接查询、交叉连接查询。

(4) 使用 IN、NOT IN、比较运算符、EXISTS 进行子查询。

相关知识与过程

1. 连接查询

进行查询时,可以通过连接查询从多个表中查询相关数据。连接查询给用户带来很大的灵活性和方便性。

在连接操作中,经常需要使用关系名作为前缀,有时这样显得很麻烦。因此,SQL 允许在 FROM 子句中为关系定义别名,格式为

<关系名> <别名>

说明:一旦在 FROM 子句中为表指定了别名,就必须在剩余的子句中都使用别名,而不允许再使用原来的表名。

1）内连接

内连接使用比较运算符进行表间某列或多列数据的比较操作，并列出这些表中与连接条件相匹配的数据行。

（1）等值连接。

等值连接就是在连接条件中使用等号（＝）进行连接，其查询结果中列出被连接表的所有列，包括其中的重复列。

【练 1】　查询 student 表中学号和 score 表中学号相同的学生和成绩信息。

```
SELECT *
FROM student a INNER JOIN score b
ON a.sno=b.sno;
```

上述语句中，INNER 关键字可以省略，执行效果如图 4.74 所示。

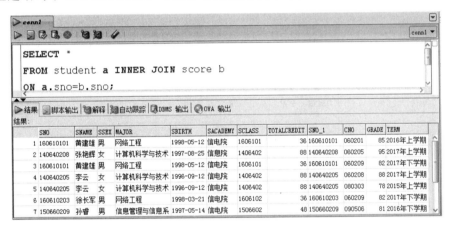

图 4.74　等值连接查询

（2）自然连接。

消除冗余属性的等值连接就是自然连接。

【练 2】　将上例的冗余属性去掉，变成自然连接。

```
SELECT a.*,b.cno,b.grade,b.term
FROM student  a INNER JOIN score b
ON a.sno=b.sno;
```

执行效果如图 4.75 所示。

【练 3】　查询 teacher 表中的作者及他们所授的课程情况，并按作者姓名降序排列。

```
SELECT  a.tname,b.*
FROM teacher a INNER JOIN course  b
ON b.tno=a.tno ORDER BY tname DESC;
```

执行效果如图 4.76 所示。

2）外连接

当至少有一个同属于两个表的行符合连接条件时，内连接才返回行。内连接消除与

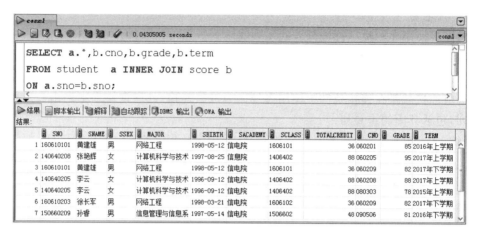

图 4.75　去掉冗余属性

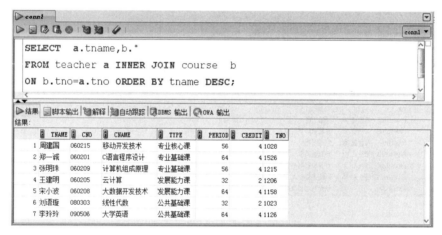

图 4.76　自然连接查询

另一个表中的任何不匹配的行,而外连接会返回 FROM 子句中提到的至少一个表或视图的所有行,只要这些行符合任何搜索条件。因为在外连接中参与连接的表有主从之分,以主表的每行数据去匹配从表的数据行,如果符合连接条件,则直接返回到查询结果中,如果主表中的行在从表中没有找到匹配的行,与内连接不同的是,在内连接中丢弃不匹配的行,而在外连接中主表的行仍然保留,并且返回到查询结果中,相应的从表中的行中被填上 null 值后也返回到查询结果中。

外连接又分为左外连接、右外连接和完全外连接 3 种。

（1）左外连接。

左外连接的查询结果集中包括 JOIN 子句中左侧表中的所有行。右表中的行与左表中的行不匹配时,则结果集中右表对应位置为 null。

【练 4】　在 teacher 表和 course 表中,以"教师编号"作为连接条件建立左外连接,并按教师姓名降序排列。

```
SELECT a.tno, a.tname, a.tsex, a.prof, b.cno, b.cname
```

```
FROM  teacher  a  LEFT  JOIN  course  b
ON a.tno=b.tno
ORDER BY tname DESC;
```

执行效果如图 4.77 所示。在查询结果窗口中,显示左表中指定列的所有行和右表中相匹配的所有行,在左表中没找到相匹配的右表的对应位置填上 null 值。

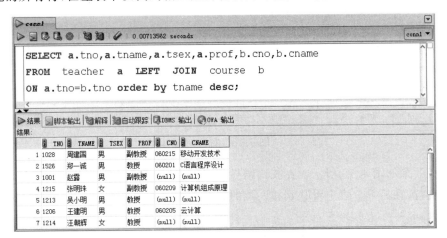

图 4.77 左外连接

(2) 右外连接。

右外连接的查询结果集中包括 JOIN 子句中右侧表中的所有行。右表中的行与左表中的行不匹配时,则结果集中左表对应位置为 null。

【练 5】 在 teacher 表和 course 表中,以"教师编号"作为连接条件建立右外连接,并按课程名升序排列。

```
SELECT a.tno, a.tname, a.tsex, a.prof, b.cno, b.cname
FROM  teacher  a  RIGHT  JOIN  course  b
ON a.tno=b.tno
ORDER BY cname;
```

执行效果如图 4.78 所示。在查询结果窗口中,显示右表中指定列的所有行和左表对应连接列的所有行,在右表中没找到相匹配的左表的对应位置为 null 值。

(3) 完全外连接。

完全外连接的查询结果集中包括 JOIN 子句中左表和右表中的所有行。如果某一行在另一个表中没有匹配的行,则另一个表中对应位置为 null。

【练 6】 在 teacher 表和 cousre 表中,以"教师编号"作为连接条件建立完全外连接,并按教师姓名降序排列。

```
SELECT a.tno, a.tname, a.tsex, a.prof, b.cno, b.cname
FROM  teacher  a  FULL  JOIN  course  b
ON a.tno=b.tno
ORDER BY tname DESC;
```

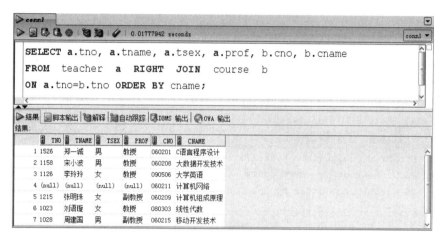

图 4.78　右外连接

执行效果如图 4.79 所示。在查询结果窗口中,显示表中指定列的所有行和对应连接列的所有行,在另一个表中没找到相匹配的表的对应位置为 null 值。

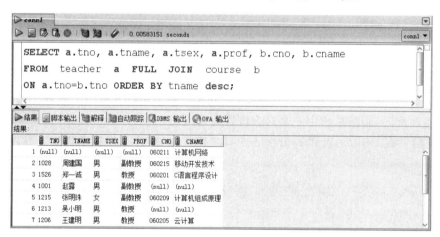

图 4.79　完全外连接

(4) 交叉连接。

交叉连接不带 WHERE 子句时,返回的是被连接的两个表所有数据行的笛卡儿积,即返回到结果集中的数据行数等于两个表数据行数的乘积。

【练 7】　对 course 表和 teacher 表建立交叉连接。

```
SELECT a.cname,b.tname,b.tno, b.tname, b.tsex,b.prof
FROM   course a cross JOIN  teacher b;
```

执行完后,部分记录截图如图 4.80 所示。

2. 嵌套查询

在一个 SELECT 语句中嵌入另一个完整的 SELECT 语句称为嵌套查询。嵌入的

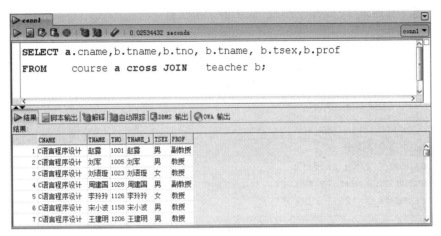

图 4.80　交叉连接

SELECT 语句称为子查询。子查询经常用于多表处理，它是一个嵌套在 SELECT、INSERT、UPDATE、DELETE 语句或其他子查询中的查询。通常可以用连接代替子查询，也可以使用子查询代替表达式。子查询也称为内部查询或内部选择，而包含子查询的语句也称为外部查询或外部选择。

1）使用 IN 的子查询

基本语法格式为

```
WHERE expression [NOT] IN(subquery)
```

【练 8】　查询已有成绩的学生信息。

```
SELECT *
FROM student
WHERE sno  IN(SELECT  sno  FROM  score);
```

执行效果如图 4.81 所示。

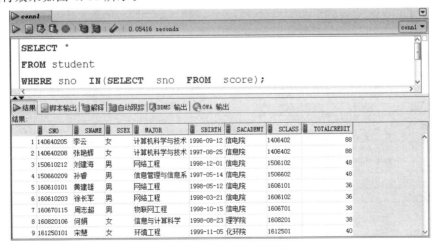

图 4.81　使用 IN 的子查询

【**练 9**】 查询非"2017 年上学期"成绩的学生信息。

```
SELECT * FROM student
WHERE sno  NOT IN(SELECT  sno  FROM  score
WHERE term='2017 年上学期');
```

执行效果如图 4.82 所示。

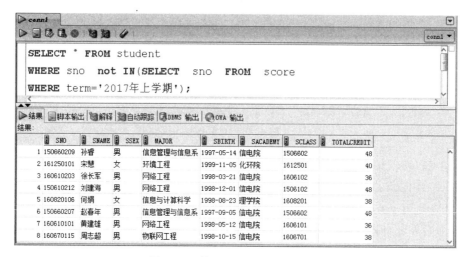

图 4.82 使用 NOT IN 的子查询

2）使用比较运算符的子查询

【**练 10**】 查询成绩大于 2016 年上学期所有成绩的成绩情况。

```
SELECT * FROM score
WHERE grade>ALL(SELECT grade FROM score
WHERE term='2016 年上学期')
```

执行效果如图 4.83 所示。

图 4.83 使用比较运算符的子查询

3）使用 EXISTS 的子查询

基本语法格式为

```
WHERE [NOT] EXISTS(subquery)
```

EXISTS 子查询用来测试子查询返回的行是否存在，本身不产生任何数据，只返回 TRUE 或 FALSE 值。

【练 11】　查询已有授课任务的教师信息。

```
SELECT * FROM teacher
WHERE  EXISTS
(SELECT * FROM course
WHERE  teacher.tno=course.tno);
```

执行效果如图 4.84 所示。

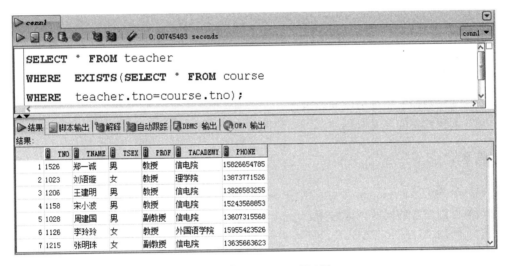

图 4.84　使用 EXISTS 子查询

【练 12】　查询没安排上公共基础课的教师信息。

```
SELECT * FROM teacher
WHERE NOT EXISTS
(SELECT * FROM course
WHERE  teacher.tno=course.tno AND type='公共基础课');
```

执行效果如图 4.85 所示。

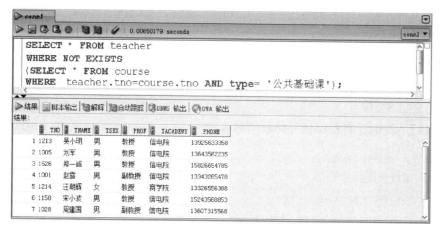

图 4.85　使用 NOT EXISTS 子查询

实验 6　完整性约束

实验目的

（1）掌握数据完整性的概念及分类。
（2）掌握约束的含义及创建、修改、删除约束的方法。

实验内容

（1）在 SQL Developer 下为表创建、修改、删除约束。
（2）在创建表的同时创建约束。
（3）利用 ALTER TABLE 语句为表添加约束。
（4）用命令删除约束。

相关知识与过程

1. 数据完整性

数据完整性是保证数据正确的特性，也就是数据的一致性和相容性。根据数据完整性作用的数据库对象和范围的不同，可以分为 4 类：实体完整性、域完整性、参照完整性、用户定义完整性。用来实施数据完整性的途径主要是约束、默认值、触发器、存储过程、数据类型等。

2. 约束

约束是 Oracle 11g 提供的自动保持数据库完整性的一种方法，定义了可输入表或表的单个列中的数据的限制条件。Oracle 11g 中有 6 种约束：主键约束（Primary Key Constraint）、外键约束（Foreign Key Constraint）、唯一性约束（Unique Constraint）、检查约束（Check Constraint）、非空约束（NOT NULL Constraint）和默认约束（Default Constraint）。可以通过 SQL Developer 和命令两种方式来创建约束。

1）用 SQL Developer 来创建约束

（1）主键约束。

主键约束指定表的一列或几列的组合值在表中具有唯一性，即能唯一地指定一行记录。每个表中只能有一个主键，不允许指定主键列有 NULL 值。

【练 1】 将 student 表中的"学生学号"列设置为主键。

操作步骤如下。

① 启动 SQL Developer，展开"连接"结点下的数据库连接 conn1，再展开"表"项，右击 student 表，在快捷菜单中选择"编辑"命令。

② 在弹出的"编辑表"对话框中，单击左边的"主键"项，在"可用列"列表框中选择 SNO 列名，再单击"添加"按钮，SNO 就会出现在"所选列"列表框中，如图 4.86 所示。

图 4.86 创建主键约束

③ 单击"确定"按钮，就完成了主键约束的设置。

④ 若要删除主键，只需把右边"所选列"列表框中的列名移到左边"可用列"列表框里，然后单击"确定"按钮就可以了。

【练 2】 将 score 表中的"学生学号"和"课程号"属性组合设置为主键。

操作步骤如下。

① 启动 SQL Developer，展开"连接"结点下的数据库连接 conn1，再展开"表"项，右击 score 表，在快捷菜单中选择"编辑"命令。

② 在弹出的"编辑表"对话框中，单击左边的"主键"选项，在"可用列"列表框中选择 SNO 列名，单击"添加"按钮，SNO 就会出现在"所选列"列表框中；在"可用列"列表框

中再选择 CNO 列名,再单击"添加"按钮 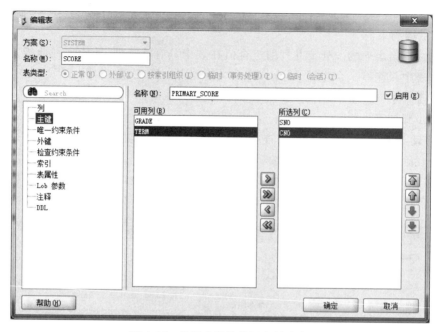,CNO 也会出现在"所选列"列表框中,如图 4.87 所示。

图 4.87　给组合属性设置主键约束

③ 单击"确定"按钮,就完成了组合属性主键约束的设置。

(2) 外键约束。

外键约束定义了表与表之间的关系。当一个表中的一个列或多个列的组合和其他表中的主键定义相同时,就可以将这些列或列的组合定义为外键,并设定它是和某个表中某列相关联。主键所在的表称为主表,外键所在的表称为从表。使用外键约束有以下好处。

- 可实现级联删除,当主表删除从表中存在键值的主表记录时,从表自动删除相应的记录。
- 可以防止向从表中插入外键列值在主表中不存在的数据。
- 可以防止在主表中删除从表中存在键值的主表记录(在 RESTRICT 情形时)。

【练3】　在 score 表中创建外键约束,主表为 student,公共字段为 sno。

操作步骤如下。

① 启动 SQL Developer,展开"连接"结点下的数据库连接 conn1,再展开"表"项,右击 score 表,在快捷菜单中选择"编辑"命令。

② 在弹出的"编辑表"对话框中,单击左边的"外键"选项,再单击右边的"添加"按钮,在"名称"后边的文本框中输入外键约束的名称,也可以取默认名称。在"引用表"右边的下拉列表框中选择 student 表,则在"关联"栏的"本地列"中会默认显示创建外键的列 SNO,在"STUDENT 上的引用列"中会显示 SNO,如图 4.88 所示。

③ 在"删除时"右边的下拉列表框中,有 3 个选项可以选择,默认是 RESTRICT,意思是当删除主表数据时,如果违反外键约束,操作会被禁止。CASCADE 选项的作用是定义

图 4.88　创建外键约束

级联删除,从主表中删除数据时自动删除从表中匹配的行。SET NULL 选项的作用是从主表删除数据时,设置从表中对应外键列为 NULL。这些选项可以根据需要进行设置。

④ 单击"确定"按钮,就完成了外键约束的创建。

⑤ 若想修改外键约束,则同创建过程一样,先弹出如图 4.88 所示的对话框,在此对话框中直接修改,然后单击"确定"按钮就可以了。若想删除外键约束,则只需在图 4.88 所示的对话框中单击"删除"按钮,然后单击"确定"按钮便可。

(3) 唯一性约束。

唯一性约束指定一个或多个列的组合的值具有唯一性,以防止在列中输入重复的值。主键约束也是唯一性约束,但主键约束指定的列不能出现空值,而唯一性约束指定的列可以出现空值。

【练 4】　在 course 表中,对 tno 列创建唯一性约束。

操作步骤如下。

① 启动 SQL Developer,展开"连接"结点下的数据库连接 conn1,再展开"表"项,右击 course 表,在快捷菜单中选择"编辑"命令。

② 在弹出的"编辑表"对话框中,单击左边的"唯一约束条件"选项,再单击右边的"添加"按钮,在"名称"后边的文本框中输入唯一性约束的名称,也可以取默认名称。在"可用列"列表框中选择 TNO 列名,再单击"添加"按钮，TNO 就会出现在"所选列"列表框中,如图 4.89 所示。

③ 单击"确定"按钮,就完成了唯一性约束的创建。

④ 若想修改唯一性约束,则同创建过程一样,先弹出图 4.89 所示的对话框,在此对

图 4.89　创建唯一性约束

话框中直接修改,然后单击"确定"按钮就可以了。若想删除唯一性约束,则在图 4.89 所示的对话框中单击"删除"按钮,然后单击"确定"按钮便可。

（4）检查约束。

检查约束对输入列或整个表中的值设置检查条件,以限制输入值,保证数据库的数据完整性。

【练 5】　在 student 表中创建检查约束,使 ssex 字段只能输入"男"或"女"。

操作步骤如下。

① 启动 SQL Developer,展开"连接"结点下的数据库连接 conn1,再展开"表"项,右击 student 表,在快捷菜单中选择"编辑"命令。

② 在弹出的"编辑表"对话框中,单击左边的"检查约束条件"选项,再单击右边的"添加"按钮,在"名称"后边的文本框中输入检查约束的名称,也可以取默认名称。在"条件"下边的编辑框中输入表达式"ssex＝'男' or ssex＝'女'",如图 4.90 所示。

③ 单击"确定"按钮,就完成了检查约束的创建。

④ 若想修改检查约束,则同创建过程一样,先弹出如图 4.90 所示的对话框,在此对话框中直接修改,然后单击"确定"按钮就可以了。若想删除检查约束,在如图 4.90 所示的对话框中单击"删除"按钮,然后单击"确定"按钮便可。

说明:以上主键约束、外键约束、唯一性约束、检查约束的创建方法也可以通过右击选定表,在快捷菜单中选择"约束条件"命令,再在级联菜单中选择相应的命令完成操作。下面举例说明。

【练 6】　在 teacher 表中,创建检查约束,使 tsex 字段只能输入"男"或"女"。

操作步骤如下。

图 4.90　创建检查约束

① 启动 SQL Developer，展开"连接"结点下的数据库连接 conn1，再展开"表"项，右击 teacher 表，在快捷菜单中选择"约束条件"命令项，在级联菜单中选择"添加检查"命令，如图 4.91 所示。

图 4.91　选择"添加检查"命令

② 在弹出的"添加检查"对话框中,在"约束条件名称"后边的文本框中输入检查约束的名称,如 CK_teacher,在"检查条件"右边的文本框中输入表达式 tsex = '男' or tsex = '女',如图 4.92 所示。

③ 单击"应用"按钮,就完成了检查约束的创建。

(5) 非空约束。

非空约束决定表中的行对应某列在输入记录时是否可以取空值。空值不是指没有值,而是指不知道或未定义的值。非空约束可以在设计表时进行设置,也可以在表创建完成后,对表结构进行修改而设置。

图 4.92　创建检查约束

【练 7】　将 course 表中的"学时"字段列设置为不允许空。

操作步骤如下。

① 启动 SQL Developer,展开"连接"结点下的数据库连接 conn1,再展开"表"项,右击 course 表,在快捷菜单中选择"编辑"命令。

② 在弹出的"编辑表"对话框中,单击"列"列表框下的 PERIOD 字段,勾选"不能为空值"复选框,如图 4.93 所示。

③ 单击"确定"按钮,就完成了非空约束的设置。

图 4.93　设置非空约束

（6）默认约束。

默认约束是指为列指定默认值。若要实现默认约束，可以在创建结构或修改表结构时，为列指定默认值。

2）用命令来创建或修改约束

创建约束可以用 CREATE TABLE 或 ALTER TABLE 命令来完成。使用 CREATE TABLE 命令表示在创建表的时候定义约束，使用 ALTER TABLE 命令表示在已有的表中添加、修改或删除约束。即使表中已经有了数据，也可以在表中添加约束。

（1）在使用 CREATE TABLE 命令创建表的同时定义约束。

基本语法格式如下：

```
CREATE TABLE [<用户方案名>.] <表名>
  (<列名><数据类型>[NULL |NOT NULL]
    {[CONSTRAINT <约束名>]
    PRIMARY KEY | UNIQUE| CHECK(<check 约束达式>)|
    REFERENCES <主表名>[(<列名>[ ,…n])] }
    [,…n]
[, [CONSTRAINT <约束名>] {PRIMARY KEY | UNIQUE| FOREIGN KEY }(<列名>,[,…n])
[REFERENCES <主表名>[(<列名>[ ,…n])] [ ON DELETE { CASCADE | SET NULL } ]]
| CHECK(<check 约束表达式)]
)
```

主要参数功能如下。

PRIMARY KEY：指定主键约束，对每个表只能创建一个 PRIMARY KEY 约束。

UNIQUE：通过唯一索引为指定的一列或多列提供实体完整性的约束。

FOREIGN KEY REFERENCES：为列中的数据提供引用完整性的约束。 FOREIGN KEY 约束要求列中的每个值在所引用的表中对应的被引用列中都存在。

主表名：FOREIGN KEY 约束引用的表。

ON DELETE CASCADE：定义级联删除，从主表删除数据时自动删除从表中匹配的行。

ON DELETE SET NULL：从主表删除数据时设置从表中对应外键列为 NULL。

CHECK：定义检查约束，该约束通过限制可输入一列或多列中的可能值来强制实现域完整性。

【练 8】　创建表 warehouse，该表包含仓库号（whid）、城市（city）、面积（area）3 列，并为该表定义主键约束 WH_PK（主键列为 whid）。

```
CREATE   TABLE warehouse
(whid  varchar2(8)  not null,
 city  varchar2(10),
 area  number(6,1),
 CONSTRAINT WH_PK PRIMARY KEY(whid)
);
```

也可以按以下代码来创建主键约束,此时就不用写约束名了,在 SQL Developer 中查看该表,会发现系统自动命名了主键约束的名字。

```
CREATE   TABLE warehouse
(whid   varchar2(8) PRIMARY KEY,
 city   varchar2(10),
 area   number(6,1)
);
```

【练 9】 创建表 emp,该表包含仓库号(whid)、职工号(empid)、工资(salary)列,主键为 empid,为该表定义外键约束(外键列为 whid),主表为 warehouse,为工资列创建检查约束,检查条件为 salary>=1000 AND salary<=4000,并设定工资的默认值为 1200。

```
CREATE TABLE emp
(whid    varchar2(8)   REFERENCES warehouse(whid),
 empid   varchar2(10)  PRIMARY KEY,
 salary  number(10,0)  DEFAULT 1200  CHECK(salary>=1000  AND  salary<=4000)
);
```

【练 10】 创建表 stud,该表包含学生学号(sno)、姓名(sname)、性别(ssex)、总分(zf)列。为该表的姓名列创建唯一性约束。

```
CREATE TABLE stud
(sno     varchar2(8),
 sname   varchar2(10)  UNIQUE,
 ssex    char(2),
 zf      number(5,1)
);
```

(2) 使用 ALTER TABLE 命令添加约束。

基本语法格式如下:

```
ALTER TABLE [<用户方案名>.] <表名>
ADD CONSTRAINT <约束名>{PRIMARY KEY | UNIQUE| FOREIGN KEY }(<列名>,[,…n])
[REFERENCES <主表名>[(<列名>[,…n])] [ ON DELETE { CASCADE | SET NULL } ]]
| CHECK(<check 约束表达式)
```

【练 11】 在 course 表中,为列 cno 创建主键约束。

```
ALTER TABLE course
ADD CONSTRAINT PK_course PRIMARY KEY(cno);
```

【练 12】 在 course 表中,将 credit 列的"允许空"设置为 NOT NULL。

```
ALTER TABLE course
modify credit NOT NULL;
```

【练 13】 在 score 表中,为列 sno 创建外键约束,主表为 student。

```
ALTER TABLE score
ADD CONSTRAINT FK_score_student   FOREIGN   KEY(sno)
REFERENCES student(sno);
```

【练 14】　在 student 表中，为列 ssex 创建检查约束，指定该列的值只能取"男"或"女"。

```
ALTER TABLE student
ADD CONSTRAINT CK_student   CHECK(ssex='男' or ssex='女');
```

【练 15】　在 teacher 表中，为列 tname 创建唯一性约束。

```
ALTER TABLE teacher
ADD CONSTRAINT U_teacher   UNIQUE(tname);
```

3）删除约束

若要删除约束，一种方法是在 SQL Developer 中进行，在前面创建约束的过程中已经说过了，另一种方法是通过命令来进行。语法格式如下：

```
ALTER TABLE table_name
DROP CONSTRAINT constraint_name
```

【练 16】　将 teacher 表中的唯一性约束删除。

```
ALTER TABLE student
DROP CONSTRAINT U_teacher;
```

实验 7　视 图 操 作

实验目的

（1）掌握视图的概念。
（2）掌握创建、修改视图的方法。
（3）掌握利用视图修改数据的方法。

实验内容

（1）创建视图、通过视图查看数据。
（2）视图的修改、删除。
（3）利用视图修改数据。

相关知识与过程

1. 视图的定义

视图是从基本表中派生出来的并依赖于基本表，它是一种虚拟表。它可以从一个或多个表中的一个列或多个列中提取数据。同真实的表一样,视图也包含一系列带有名称的列和行数据。但是,视图对应数据的行和列数据来自定义视图的查询引用的表,并且在引用视图时动态生成。

视图的行和数据表类似,可以对其进行查看、修改和删除,也可通过视图实现对基表数据的查询与修改。

2. 视图的创建

可以利用 SQL Developer 来创建视图,也可以利用命令来创建视图。

1) 在 SQL Developer 中创建视图

【练1】 创建视图 SVIEW1,查询 student 表中学生的"学号""姓名""性别"以及这些学生所选修课程的"课程名"和"成绩",按学号降序排列。

操作步骤如下。

(1) 启动 SQL Developer,展开"连接"结点下的数据库连接 conn1,右击"视图"选项,在弹出的快捷菜单中选择"新建视图"命令,弹出"创建视图"对话框,在"名称"右边的文本框输入视图名称 SVIEW1,在"SQL 查询"选项卡中输入以下查询语句,如图 4.94 所示。

```
SELECT a.sno,a.sname,a.ssex,b.cname,c.grade
FROM student  a,course b,score c
WHERE a.sno=c.sno AND b.cno=c.cno
ORDER BY a.sno DESC;
```

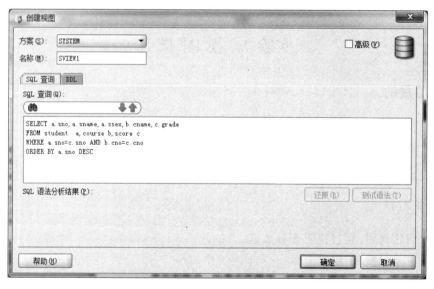

图 4.94 "创建视图"对话框

(2) 输入完成后,单击 DDL 选项卡,可以看到创建视图的完整代码。单击"测试语法"按钮,测试语法是否有错误,如果没有错误,则单击"确定"按钮,完成视图的创建。创建完成后,可以在"视图"结点下看到已创建视图的名字。

（3）若选中"高级"复选框，则出现如图 4.95 所示的对话框。在该对话框中可以更方便地添加 SQL 查询代码。

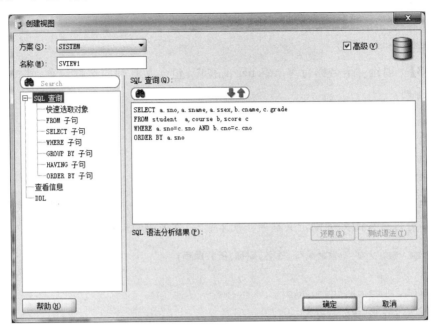

图 4.95　"创建视图"高级对话框

2）利用命令创建视图

可以利用 CREATE VIEW 命令创建视图，其语格法式如下：

```
CREATE [OR REPLACE] VIEW [FORCE | NOFORCE] VIEW[用户方案名.]view_name
[(alias_name[, alias_name …])]
AS subquery
[WITH{CHECK OPTION | READ ONLY}][CONSTRAINT constraint_name];
```

主要参数功能如下。

OR REPLACE：在创建视图时，如果视图已存在，就替换现有视图。

FORCE：即使基表不存在，也要创建视图。

NO FORCE：如果基表不存在，就不创建视图，NO FORCE 是默认值。

view_name：视图的名称。视图名称必须符合标识符的命名规则。

alias_name：指定视图中列的名称。

subquery：指定视图对应的子查询语句。

WITHCHECK OPTION：说明只有子查询检索的行才能被插入、修改或删除。默认情况下，在插入、更新或删除之前并不会检查这些行是否能被子查询检索。

constraint_name：指定 WITH CHECK OPTION 或 WITH READ ONLY 约束的名称。

WITH READ ONLY：定义只读视图。

【练 2】　创建一个名称为 V_STUD 的视图，包含男生的全部信息。

```
CREATE VIEW  V_STUD
AS
  SELECT   *
  FROM student
  WHERE ssex='男';
```

【练3】 创建一个名称为 V_teacher 的视图,包含女教师的全部信息,并按"教师姓名"降序排列。

```
CREATE VIEW V_teacher
AS
  SELECT * FROM teacher
  WHERE tsex='女'  ORDER BY tname  DESC;
```

【练4】 创建一个名称为 V_T_C 的视图,包含 tno、tname、prof 以及每个教师所教的 cname,并为每个视图列分别定义别名:教师编号、姓名、职称、所教课程。

```
CREATE VIEW V_T_C(教师编号,姓名,职称,所教课程)
AS
  SELECT a.tno,a.tname,a.prof,b.cname
  FROM teacher a,course b
  WHERE a.tno=b.tno;
```

3. 通过视图查看数据

由于视图是基于基本表生成的,所以可像操作基本表一样来操作视图,以便进行数据的查询及其他相关操作。查看视图数据可以利用 SQL Developer 来完成,也可以利用命令来完成。

1) 使用 SQL Developer 查看视图数据

【练5】 查看视图 V_STUD 中的数据。

操作步骤如下。

启动 SQL Developer,展开"连接"结点下的数据库连接 conn1,展开"视图"选项,直接单击视图 V_STUD 或者右击视图 V_STUD,在弹出的快捷菜单中选择"打开"命令,在弹出的窗口中单击"数据"选项卡,就能看到视图中的全部数据,如图 4.96 所示。

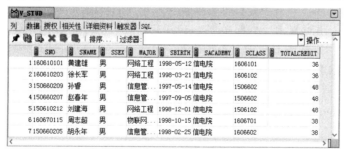

图 4.96 浏览视图数据

2）利用命令浏览视图

【**练 6**】   查询视图 V_T_C 中的数据。

```
SELECT  *  FROM  V_T_C;
```

执行效果如图 4.97 所示。

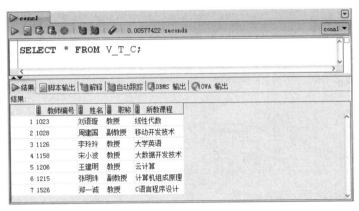

图 4.97   用命令浏览视图数据

4. 视图的修改

修改视图数据可以利用 SQL Developer 来完成，也可以利用命令来完成。

1）使用 SQL Developer 修改视图

【**练 7**】   修改视图 V_STUD，增加查询条件，查询总学分在 40 分以上的学生信息。

操作步骤如下。

（1）启动 SQL Developer，展开"连接"结点下的数据库连接 conn1，展开"视图"结点，右击视图 V_STUD，在弹出的快捷菜单中选择"编辑"命令，会弹出"编辑视图"对话框，修改查询代码，增加查询条件，如图 4.98 所示。

（2）修改完成后，单击"确定"按钮，就完成了视图的修改。

2）利用命令修改视图

在 Oralce 11g 中，没有单独修改视图的语句。修改视图的语句就是创建视图的语句，修改视图就相当于要重建一次视图。

【**练 8**】   修改视图 V_STUD，使其包含女生的全部信息。

```
CREATE OR REPLACE VIEW  V_STUD
AS
  SELECT  *
  FROM student
  WHERE ssex='女';
```

5. 视图的删除

删除视图可以利用 SQL Developer 来完成，也可以利用命令来完成。

图 4.98　编辑视图

1）使用 SQL Developer 删除视图

【练 9】　删除视图 V_STUD。

操作步骤如下。

（1）启动 SQL Developer，展开"连接"结点下的数据库连接 conn1，展开"视图"选项，右击视图 V_STUD，在弹出的快捷菜单中选择"删除"命令，会弹出"删除"对话框，如图 4.99 所示。

（2）单击"应用"按钮，便可完成对视图的删除操作。

2）利用命令删除视图

从当前数据库中删除一个或多个视图可以使用 DROP VIEW 命令，基本语法格式如下：

```
DROP VIEW [用户方案.] view_name [ …,n ]
```

【练 10】　删除视图 V_teacher。

```
DROP  VIEW  V_teacher;
```

图 4.99　"删除"对话框

6. 利用视图修改数据

当对通过视图看到的数据进行修改时，相应的基本表的数据也要发生变化，但并不是所有的视图都可以更新，同时，若基本表数据发生变化，则这种变化也可以自动反映到视图中。

要通过视图更新基本表数据,视图必须满足下列条件。

- 没有使用 DISTINCT 关键字。
- 没有使用集合运算或分组函数,如 INTERSECT、SUM、MAX、COUNT 等函数。
- 没有使用 GROUP BY、CONNECT BY、START WITH 子句。
- 创建视图的 SELECT 语句中不包含从基表列通过计算所得的列。

【练 11】 通过视图 V_STUD,向学生表中插入记录('160610308','刘强', '男','网络工程','1998-07-16','信电院', '1606103', 36)。

```
INSERT INTO V_STUD
VALUES('160610308','刘强', '男','网络工程','1998-07-16','信电院', '1606103', 36)
```

执行完代码后,可以看到 student 表中多了一行刚插入的记录,如图 4.100 所示。

	SNO	SNAME	SSEX	MAJOR	SBIRTH	SACADEMY	SCLASS	TOTALCREDIT
1	160610101	黄建雄	男	网络工程	1998-05-12	信电院	1606101	36
2	140640208	张艳辉	女	计算机科学与技术	1997-08-25	信息院	1406402	88
3	140640205	李云	女	计算机科学与技术	1996-09-12	信电院	1406402	88
4	160610203	徐长军	男	网络工程	1998-03-21	信电院	1606102	36
5	150660209	孙睿	男	信息管理与信息系	1997-05-14	信电院	1506602	48
6	150660207	赵春年	男	信息管理与信息系	1997-09-05	信电院	1506602	48
7	150610212	刘建海	男	网络工程	1998-12-01	信电院	1506102	48
8	160670115	周志超	男	物联网工程	1998-10-15	信电院	1606701	38
9	161250101	宋慧	女	环境工程	1999-11-05	化环院	1612501	40
10	160820106	何娟	女	信息与计算科学	1998-08-23	理学院	1608201	38
11	150660205	胡永年	男	信息管理与信息系统	1998-02-25	信电院	1606602	38
12	160610308	刘强	男	网络工程	1998-07-16	信电院	1606103	36

图 4.100 通过视图向基本表中插入数据

【练 12】 通过视图 V_STUD,将上例插入的记录中刘强的专业"网络工程"改为"地理信息系统"。

```
UPDATE  V_STUD
SET major='地理信息系统'
WHERE sname='刘强';
```

【练 13】 通过视图 V_STUD,将前面添加的记录删除。

```
DELETE FROM  V_STUD
WHERE sname='刘强';
```

实验 8 索引的创建与管理

实验目的

(1) 掌握索引的概念及分类。

(2) 掌握创建、修改索引的方法。

实验内容

（1）用 SQL Developer 和命令两种方式创建索引。

（2）索引的修改、删除。

相关知识与过程

1. 索引的概念

索引是一种特殊类型的数据库对象，是与表或视图关联的磁盘上的结构，可以加快从表或视图中检索行的速度。索引包含索引条目，每个索引条目都有一个键值和一个 ROWID，由表或视图中的一列或多列生成键值。使用索引可以快速有效地查找与键值关联的行。

1）使用索引的代价

虽然使用索引可以提高系统的性能，大大加快数据检索的速度，但也不是索引越多越好，因为使用索引是要付出一定代价的。主要表现在如下方面。

- 索引需要占用数据表以外的物理存储空间。例如，建立一个聚集索引需要大约 1.2 倍于数据大小的空间。
- 创建和维护索引要花费一定的时间，并且随着数据量的增加，耗费的时间也会增加。
- 当对表进行更新操作时，索引需要被重建，这样就降低了数据的维护速度。

2）创建索引的原则

在数据库表上设计索引时，应考虑以下常用的基本原则。

- 根据表的大小来创建索引，对于数据量较少或者查询量不超 15％，就不用创建索引。
- 根据列的特征来创建索引。主键列自动创建索引，外键列可以建立索引，在经常查询的字段上最好建立索引，至于那些查询中很少涉及的列、重复值比较多的列不要建立索引。
- 限制表中索引的数量。表的索引越多，查询的速度越快，但表的更新速度则会降低。因为在更新记录的同时需要更新相关的索引信息，要在两者之间找一个均衡点。

3）索引的分类

按存储方法分类，索引可分为 B* 树索引和位图索引两类。

（1）B* 树索引。

B* 树索引按由底向上的顺序对表中的列数据进行排序。B* 树索引不但存储了相应列的数据，还存储了 ROWID。索引以树形结构的形式来存储这些值。在检索时，Oracle 先检索列数据。B* 树索引的存储结构类似于图书的索引结构，有分支和叶两种类型的存储数据块，分支块相当于图书的大目录，叶块相当于索引到的具体的书页。

B* 树索引是 Oracle 中默认的、最常用的索引，也称为标准索引。B* 树索引可以是唯一索引或非唯一索引，也可以是单列索引或复合索引。

（2）位图索引。

位图索引（Bitmap Index）并不重复存取索引列的值，每个值被看作一个键，相应的行的 ID 置为一个位(BIT)。位图索引适合于仅有几个固定值的列,如学生表中的性别列,性别只有男和女两个固定值。位图索引主要用来节省空间,减少 Oracle 对数据块的访问。

按功能和索引对象分类,索引可分为以下 6 种类型。

(1) 唯一索引和非唯一索引。

唯一索引是索引值不能重复的索引。非唯一索引是索引列值可以重复的索引。默认情况下,Oracle 创建的索引是非唯一索引。在表中定义 PRIMARY KEY 或 UNIQUE 约束时,Oracle 会自动在相应的约束列上建立唯一索引。

(2) 单列索引和复合索引。

单列索引是基于单个列创建的索引。复合索引是基于两列或多列创建的索引。

(3) 逆序索引。

保持索引列按顺序排列,但是颠倒已索引的每列的字节。

(4) 基于函数的索引。

索引中的一列或多列是一个函数或表达式,索引根据函数或表达式计算索引列的值。

2. 创建索引

可以用 SQL Developer 来创建索引,也可以用命令来创建索引。

1) 使用 SQL Developer 创建索引

【练 1】 为 course 表的 cno 字段创建唯一性降序索引 I_course。

操作步骤如下。

(1) 启动 SQL Developer,展开"连接"结点下的数据库连接 conn1,右击"索引"结点,在弹出的快捷菜单中选择"新建索引"命令,会弹出"创建索引"对话框,如图 4.101 所示。

图 4.101 "创建索引"对话框

（2）在弹出的对话框中，在"名称"后边的文本框中输入索引的名字 I_course，在"表"右边的下拉列表框中选择表 course，选择"类型"为"普通""唯一"，在"列名或表达式"下面的下拉列表框中选择 cno 列，在右下角的"顺序"下拉列表框里选择 DESC，如图 4.102 所示（提示：Oracle 中不区分大小写）。

图 4.102　创建索引

（3）单击 DDL 选项卡，可以看到创建索引的完整命令，单击"确定"按钮，完成索引的创建工作。在"索引"结点下就能看到刚创建的索引名称。

（4）在图 4.102 所示的对话框中，若勾选右上角的"高级"复选框，则会弹出如图 4.103 所示的对话框，在此对话框中也可以进行索引的相关设置。

2）使用命令创建索引

可以利用 CREATE INDEX 命令来创建索引，其常用语法格式如下：

```
CREATE [UNIQUE | BITMAP] INDEX
    [<用户方案名>.]<索引名>
  ON  <表名>(<列名>|<列名表达式>[ASC | DESC] [,…n])
[LOGGING | NOLOGGING]
[COMPUTE STATISTICS]
[COMPRESS | NOCOMPRESS]
[INITRANS n]
[MAXTRANS n]
[PCTFREE n]
[STORAGE storage]
[TABLESPACE <表空间名>]
[NOSORT|REVERSE]
```

图 4.103　"创建索引"高级对话框

各参数功能如下。

- UNIQUE：创建唯一索引，默认索引是非唯一的。
- BITMAP：创建位图索引。
- 索引名：索引的名称。索引名称在表或视图中必须唯一，但在数据库中不必唯一。索引名称必须符合标识符的命名规则。
- <列名表达式>：用指定表的列、常数、SQL 函数和自定义函数的表达式创建基于函数的索引。
- LOGGING｜NOLOGGING：LOGGING 选项指定创建索引时，创建相应的日志。NO LOGGING 选项在创建索引时不产生重做日志信息，默认为 LOGGING。
- COMPRESS｜NOCOMPRESS：对于复合索引（在多个字段上创建的索引）而言，若用 COMPRESS 选项，则表示对重复的索引值进行压缩，以节省存储空间，默认值为 NOCOMPRESS。
- INITRANS n：与 CREATE TABLE 命令中的参数功能相同。
- MAXTRANS n：与 CREATE TABLE 命令中的参数功能相同。
- PCTFREE n：与 CREATE TABLE 命令中的参数功能相同。
- STORAGE storage：与 CREATE TABLE 命令中的参数功能相同。
- TABLESPACE <表空间名>：指定存储索引的表空间。
- NOSORT｜REVERSE：NOSORT 表示以表中相同的顺序创建索引；REVERSE 表示按相反顺序存储索引值。

【练 2】　为 course 表的 tno 字段创建唯一性降序索引 I_course_2。

```
CREATE UNIQUE INDEX I_course_2
ON course(tno DESC);
```

【练3】 为 student 表的 sname 字段和 ssex 字段创建唯一性复合升序索引 I_stud。

```
CREATE UNIQUE INDEX I_stud
ON student(sname, ssex);
```

3. 索引的修改

修改索引可以利用 SQL Developer 来完成,也可以利用命令来完成。

1) 使用 SQL Developer 修改索引

【练4】 修改索引 I_STUD,将其改为非唯一性索引。

(1) 启动 SQL Developer,展开"连接"结点下的数据库连接 conn1,展开"视图"结点,右击索引 I_STUD,在弹出的快捷菜单中选择"编辑"命令,会弹出"编辑索引"对话框,选中"不唯一"单选按钮,如图 4.104 所示。

图 4.104 编辑索引

(2) 单击"确定"按钮,完成索引的修改。

2) 使用命令修改索引

可以使用 ALTER INDEX 来修改索引,常用的语法格式如下:

```
ALTER INDEX [<用户方案名>.]<索引名>
[LOGGING | NOLOGGING]
[TABLESPACE <表空间名>]
[ NOSORT]
```

```
[REBUILD [REVERSE]]
[RENAME TO <新索引名>]
```

部分参数功能如下。

REBUILD〔REVERSE〕：重新生成索引，当与 REVERSE 连用时，将一个反向键索引更改为普通索引；反之，可以将一个普通索引转换为反向键索引。

RENAME TO ＜新索引名＞：修改索引的名称。

其余选项与 CREATE INDEX 语句中的参数功能相同。

【练 5】　将索引 I_course_2 的名称更改为 I_course2。

```
ALTER  INDEX  I_course_2  RENAME  TO  I_course2;
```

【练 6】　将索引 I_STUD 重新生成反向索引。

```
ALTER INDEX I_STUD REBUILD REVERSE;
```

4. 索引的删除

删除索引可以利用 SQL Developer 来完成，也可以利用命令来完成。

1）使用 SQL Developer 删除索引

【练 7】　删除索引 I_STUD。

操作步骤如下。

（1）启动 SQL Developer，展开"连接"结点下的数据库连接 conn1，展开"视图"结点，右击索引 I_STUD，在弹出的快捷菜单中选择"删除"命令，会弹出"删除"对话框，如图 4.105所示。

（2）单击"应用"按钮，便可完成对索引的删除操作。

2）使用命令删除索引

要删除索引，可使用 DROP INDEX 命令，其简单语法格式如下：

```
DROP INDEX {index_name [ON table_or_view_
name] [,…n]
| table_or_view_name.index_name[,…n]}
```

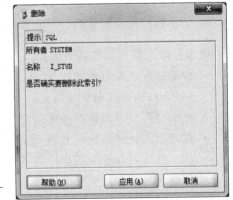

图 4.105　"删除"对话框

各参数功能如下。

index_name：要删除的索引名称。

table_or_view_name：与该索引关联的表或视图的名称。

【练 8】　删除索引 I_course2

```
DROP  INDEX  I_course2;
```

实验 9　存储过程的创建与管理

实验目的

（1）掌握存储过程的概念。
（2）掌握创建、管理存储过程的方法。

实验内容

（1）用 SQL Developer 和 PL/SQL 语句创建存储过程。
（2）存储过程的执行。
（3）带参数的存储过程的建立与执行。
（4）存储过程的修改和删除。

相关知识与过程

1. 存储过程的概念

存储过程是一组预先编译好的、没有语法错误的、具有特定功能的 PL/SQL 语句的集合。存储过程保存在数据库中，它不可以被 SQL 语句直接执行，只能通过 EXECUTE 命令执行或在 PL/SQL 程序块内部被调用。

2. 使用存储过程的优点

使用存储过程主要有以下优点。
- 存储过程已在服务器注册，由于存储过程是已经编译好的代码，所以其被调用或引用时，执行效率非常高。
- 存储过程可以增强数据库的安全性。
- 存储过程允许模块化程序设计。存储过程一旦创建，以后即可在程序中多次调用。这可以改进应用程序的可维护性，并允许应用程序统一访问数据库。
- 存储过程可以减少网络通信流量。

3. 存储过程的创建

存储过程可以利用 SQL Developer 来创建，也可以利用 PL/SQL 语句来创建。
1）使用 SQL Developer 创建存储过程
【练 1】　创建一个存储过程 Proc_1，用来查看 teacher 数据表中指定编号教师的姓名。
操作步骤如下。
（1）启动 SQL Developer，展开"连接"结点下的数据库连接 conn1，右击"过程"结点，在弹出的快捷菜单中选择"新建过程"命令，会弹出"创建 PL/SQL 过程"对话框，如

图 4.106 所示。

（2）在弹出的对话框中，在"名称"后边的文本框中输入存储过程的名字 Proc_1，单击  按钮添加一个参数，在 Name 栏输入参数 p_tno，在 Type 栏选择参数类型 VARCHAR2，在 Mode 栏选择默认的 IN 模式，如图 4.107 所示。

图 4.106　"创建 PL/SQL 过程"对话框

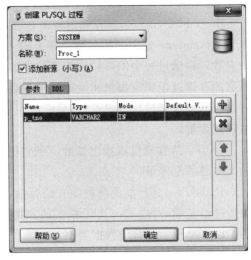

图 4.107　指定名称和参数

（3）单击"确定"按钮，弹出存储过程编辑框，编写 PL/SQL 语句，如图 4.108 所示。完成后，单击编译按钮，检查语法错误。

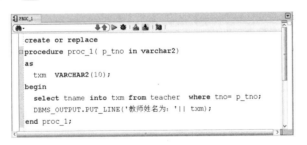

图 4.108　输入代码

（4）编译完毕就完成了存储过程的创建，在"过程"结点下就能看到刚创建的存储过程名称 Proc_1。

2）使用 PL/SQL 语句创建存储过程

存储过程可以使用 CREATE PROCEDURE 命令进行创建，其语法格式如下：

```
CREATE  [OR REPLACE]  PROCEDURE  procedure_name
[(parameter [IN |OUT |IN OUT] data_type[DEFAULT <default_value>[,…n]])]
{IS|AS}
[声明部分]
BEGIN
执行部分
```

```
EXCEPTION
异常处理部分
END[procedure_name][;]
```

各参数功能如下。

OR REPLACE：如果指定的过程已存在，则覆盖同名的存储过程。

procedure_name：新存储过程的名称，过程名称必须遵循有关标识符的命名规则。

parameter：过程中的参数。在 CREATE PROCEDURE 语句中可以声明一个或多个参数。存储过程中的参数称为形式参数（简称形参），可以声明一个或多个形参，调用带参数的存储过程则应提供相应的实际参数（简称实参）。

IN：向存储过程传递参数，只能将实参的值传递给形参，对应 IN 模式的实参可以是常量或变量。

OUT：从存储过程输出参数，存储过程结束时形参的值会传给实参，对应 OUT 模式的实参必须是变量。

IN OUT：具有前面两种模式的特性，调用时，实参的值传递给形参，结束时，形参的值传递给实参，对应 IN OUT 模式的实参必须是变量。

data_type：参数的数据类型。

default：参数的默认值。如果定义了 default 值，则无须指定此参数的值即可执行过程。默认值必须是常量。

【练2】 创建一个不带参数的存储过程 Proc_2，用来查看 student 表中的记录数。

```
CREATE PROCEDURE Proc_2
AS
  num   int;
BEGIN
    SELECT COUNT(*)INTO num FROM student;
    DBMS_OUTPUT.PUT_LINE('学生表中的记录数为:'||num);
  END;
```

4. 存储过程的执行

可以利用 SQL Developer 来执行存储过程，也可以利用 PL/SQL 语句来执行。

1）使用 SQL Developer 执行存储过程

【练3】 执行存储过程 PROC_1。

操作步骤如下。

（1）启动 SQL Developer，展开"连接"结点下的数据库连接 conn1，展开"过程"结点，右击存储过程 PROC_1，在弹出的快捷菜单中选择"运行"命令，会弹出"运行 PL/SQL"对话框。

（2）在对话框中 BEGIN 下边第一条语句的右边输入要查询的教师编号，如 1001，如图 4.109 所示。

（3）单击"确定"按钮，从运行日志里就能看到要查询的指定教师编号的教师姓名，如

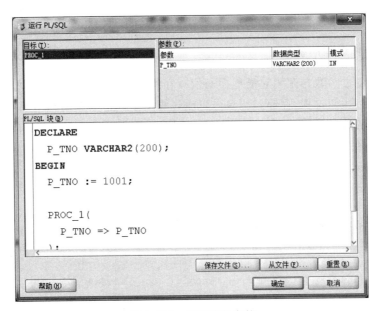

图 4.109　指定执行参数

图 4.110 所示。

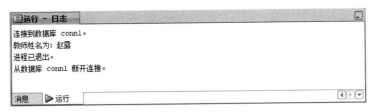

图 4.110　运行存储过程之后的结果

也可以在图 4.108 所示界面中单击运行按钮 ▷,执行相应的存储过程。

2）使用 PL/SQL 语句执行存储过程

可以使用 EXECUTE 或 EXEC 关键字执行存储过程。其语法格式如下:

```
[ { EXEC | EXECUTE } ]  <过程名>
   [([<参数名>=>] <实参>|@<实参变量>[,…n])];
```

说明:在 PL/SQL 块中不能使用 EXECUTE 或 EXEC 命令,应直接使用过程名调用。

【练 4】　执行存储过程 PROC_2。

方法一:

```
EXEC  PROC_2;
```

方法二,在 PL/SQL 块中执行存储过程:

```
BEGIN
   PROC_2;
```

```
END;
```

5. 使用存储过程的参数

存储过程通过参数与调用它的程序通信。在程序调用存储过程时，可以通过输入参数将数据传递给存储过程，存储过程也可以通过输出参数将数据返回给调用它的程序。

存储过程的参数在创建时应在 CREATE PROCEDURE 和 AS 之间定义，每个参数都要指定参数名和数据类型，可以为参数指定默认值。

1）使用输入参数

输入参数用于向存储过程传递参数值，其参数类型为 IN 模式，只能将实参的值传递给形参（输入参数），对应 IN 模式的实参可以是常量或变量。

【练 5】 创建一个存储过程 Proc_teacher，使用输入参数查看指定编号的教师所教课程的学时数。

```
CREATE OR REPLACE PROCEDURE Proc_teacher(p_tno IN VARCHAR2)
AS
  p1   NUMBER;
BEGIN
  SELECT period INTO p1
  FROM course ,teacher
  WHERE course.tno=teacher.tno and teacher.tno=p_tno;
  DBMS_OUTPUT.PUT_LINE('所教课程学时数为:'||p1);
END;
```

本例中，p_tno 是一个输入参数，执行带有输入参数的存储过程时，有两种传递参数值的方式。

（1）按位置传递。

这种方式在执行存储过程的语句中，直接给出参数的值。当有多个参数时，给出的参数的顺序要与创建存储过程时语句中的参数顺序一致。例如，执行本例创建的存储过程代码：

```
EXEC Proc_teacher('1126');
```

执行结果如图 4.111 所示。需要注意的是，在 DBMS 窗格中查看结果，要事先单击 按钮启用 DBMS 输出。

（2）通过参数名传递。

这种方式是在执行存储过程的语句中，使用"参数名=>参数值"的形式给出参数值。这样做的好处是参数可以以任意顺序给出。例如，执行本例创建的存储过程代码：

```
EXEC  Proc_teacher(p_tno=>'1126');
```

2）使用默认参数

执行上例创建的存储过程时，如果没有指定参数的值，运行就会出错。如果希望不给出参数的值也能够正确执行，则可以在创建存储过程时给出参数的默认值。

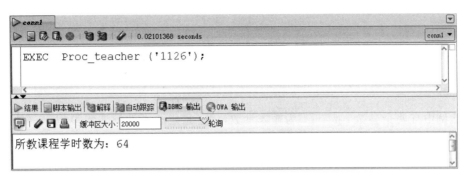

图 4.111　执行结果

【练 6】　创建一个存储过程 Proc_student，使用输入参数并给定学号默认值 140640205，查询指定学号的学生所有成绩中的最低分。

```
CREATE OR REPLACE PROCEDURE Proc_student(
      p_sno IN VARCHAR2 DEFAULT '140640205')
AS
  mingrade   NUMBER;
BEGIN
  SELECT MIN(grade) INTO mingrade
  FROM   score
  WHERE   sno=p_sno;
  DBMS_OUTPUT.PUT_LINE('该学生的课程最低成绩为:'||mingrade);
END;
```

此例中，输入参数 p_sno 有了默认值 140640205，因此在执行存储过程时，不给参数值，程序也能正常执行，若想查询别的学生的最低成绩，则在执行存储过程时给定具体的参数值就可以了。执行存储过程的代码如下：

```
EXEC Proc_student;
```

或

```
EXEC Proc_student('150610212');
```

前者查询到的是学号为 140640205 的学生的最低成绩，而后者查询到的是学号为 150610212 的学生的最低成绩。

3) 使用输出参数

通过定义输出参数，可以从存储过程中返回一个或多个值，其参数类型为 OUT 模式。

【练 7】　创建一个存储过程 Proc_course，通过输入参数指定课程类型，同时使用输出参数返回指定课程类型的课程数量。

```
CREATE OR REPLACE PROCEDURE Proc_course(
      p_type IN VARCHAR2,p_num OUT NUMBER)
AS
```

```
BEGIN
    SELECT COUNT(cname) INTO p_num
    FROM course
    WHERE type=p_type;
END;
```

此例中有两个参数：p_type 为输入参数，用于指定要查询的课程类型；p_num 为输出参数，用来返回该类型的课程数量。

为了接收某一存储过程的返回值，需要一个变量来存放返回参数的值。执行本例存储过程的代码如下：

```
DECLARE
    c_num  int;
BEGIN
    Proc_course('公共基础课',c_num);
    DBMS_OUTPUT.PUT_LINE('该类型课程数量为:'||c_num);
END;
```

运行结果如图 4.112 所示。

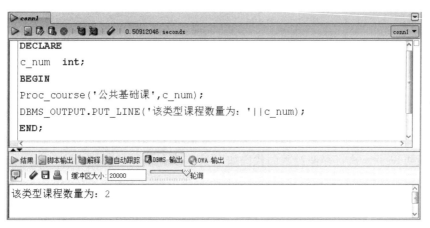

图 4.112　执行带输出参数的存储过程

4) 使用输入输出参数

输入输出参数的参数类型为 IN OUT 模式，执行时，实参的值传递给形参，结束时，形参的值传递给实参，对应 IN OUT 模式的实参必须是变量。

【练 8】　创建一个存储过程 Proc_swap，通过 IN OUT 参数交换两个变量的值。

```
CREATE OR REPLACE PROCEDURE Proc_swap(
    c1 IN OUT NUMBER, c2 IN OUT NUMBER)
  AS
   ctemp number;
BEGIN
  ctemp:=c1;
  c1:=c2;
```

```
    c2:=ctemp;
END;
```

此例中有两个输入输出参数：c1 和 c2,用来交换两个变量的值。执行本例存储过程的代码如下：

```
DECLARE
  n1 number:=50;
  n2 number:=80;
BEGIN
  Proc_swap(n1,n2);
  DBMS_OUTPUT.PUT_LINE('n1='||n1);
  DBMS_OUTPUT.PUT_LINE('n2='||n2);
END;
```

在调用存储过程时,将实参的值传递给输入输出参数 c1 和 c2。在过程体中,c1 的值和 c2 的值进行了交换。结束时,分别将已交换值的输入输出参数 c1 和 c2 的值传递给实参 n1 和 n2,完成两个变量(实参)的值的交换。

6. 存储过程的修改

若要对创建的存储过程进行修改,可以利用 SQL Developer 来进行,也可以利用 PL/SQL 语句来进行。

1) 使用 SQL Developer 修改存储过程

【练 9】 修改存储过程 Proc_teacher,设定输入参数默认值为 1023。

操作步骤如下。

① 启动 SQL Developer,展开"连接"结点下的数据库连接 conn1,展开"过程"结点,右击存储过程 Proc_teacher,在弹出的快捷菜单中选择"编辑"命令,会弹出存储过程代码编辑窗口。

② 在编辑窗口中,增加输入参数 p_tno 的默认值 1023,单击工具栏中的"编译"按钮,完成存储过程的修改,如图 4.113 所示。

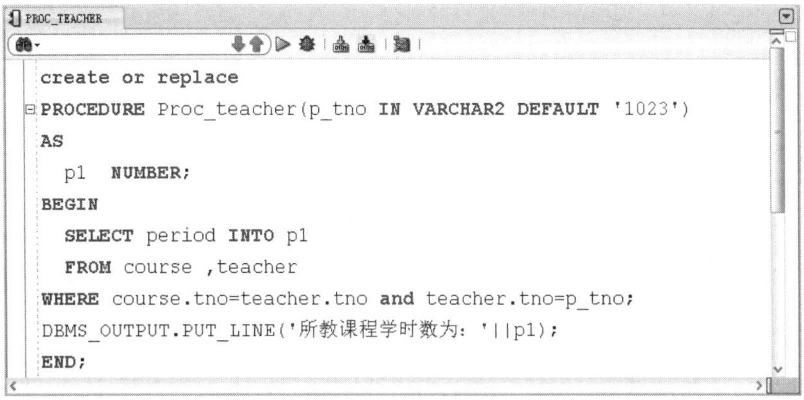

图 4.113 修改存储过程

2) 使用 PL/SQL 语句修改存储过程

使用 OR REPLACE 关键字可以修改存储过程，其实就是创建一个新的存储过程来覆盖原有的存储过程，从而实现对存储过程的修改，使用方法可以参考前面讲过的创建存储过程的语法。

7. 存储过程的删除

要删除存储过程，可以利用 SQL Developer 来完成，也可以利用 PL/SQL 语句来完成。

1) 使用 SQL Developer 删除存储过程

【练 10】 删除存储过程 PROC_COURSE。

操作步骤如下。

(1) 启动 SQL Developer，展开"连接"结点下的数据库连接 conn1，展开"过程"结点，右击存储过程 PROC_COURSE，在弹出的快捷菜单中选择"删除"命令，会弹出"删除"对话框，如图 4.114 所示。

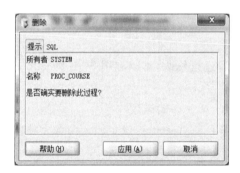

图 4.114 "删除"对话框

(2) 单击"应用"按钮，就完成了存储过程的删除。

2) 使用 PL/SQL 语句删除存储过程

可以使用 DROP PROCEDURE 语句删除存储过程。其语法格式如下：

```
DROP PROCEDURE [用户方案名.] procedure_name;
```

【练 11】 删除存储过程 Proc_teacher。

```
DROP  PROCEDURE  Proc_teacher;
```

实验 10　触发器的创建与管理

实验目的

(1) 掌握触发器的概念。

(2) 掌握创建、管理触发器的方法。

实验内容

（1）用 SQL Developer 和 PL/SQL 语句创建触发器。

（2）触发器的修改和删除。

相关知识与过程

1. 触发器的概念

触发器是一种特殊的存储过程，它不能被显式地调用，而是在对表进行插入、更新或删除操作时被触发执行。触发器可用来对表实施复杂的完整性约束，防止对数据进行不正确操作。

Oracle 11g 包括 3 种常规类型的触发器：DML 触发器、INSTEAD OF 触发器和系统触发器。

1）DML 触发器

当数据库中发生数据操作语言（DML）事件时，将调用 DML 触发器。DML 事件包括在指定表或视图中修改数据的 INSERT 语句、UPDATE 语句或 DELETE 语句。DML 触发器包含语句级触发器和行级触发器两类。

语句级触发器：针对一条 DML 语句而引起触发器执行。在语句级触发器中，不使用 FOR EACH ROW 子句，也就是说，无论数据操作影响多少行，触发器都只会执行一次。

行级触发器：行级触发器会针对 DML 操作所影响的每行数据都执行一次触发器。创建这种触发器时，必须在语法中使用 FOR EACH ROW。

2）INSTEAD OF 触发器

INSTEAD OF 触发器只定义在视图上用来替换实际的操作语句。

3）系统触发器

系统触发器由数据定义语言（DDL）事件（如 CREATE 语句、ALTER 语句、DROP 语句）、数据库系统事件（如系统启动或退出、异常操作）、用户事件（如用户登录或退出数据库）触发。

2. 触发器的创建

可以利用 SQL Developer 来创建触发器，也可以利用 PL/SQL 语句来创建触发器。

1）使用 SQL Developer 创建触发器

【练 1】　为 student 表创建触发器 Trig1，当对 student 表的 major 列进行更新前，触发显示"请不要更改此列的数据！！"。

操作步骤如下。

（1）启动 SQL Developer，展开"连接"结点下的数据库连接 conn1，右击"触发器"结点，在弹出的快捷菜单中选择"新建触发器"命令，会弹出"创建触发器"对话框，如图 4.115 所示。

（2）在"名称"右边的文本框中输入触发器的名字 Trig1，在"表名"右边的下拉列表框

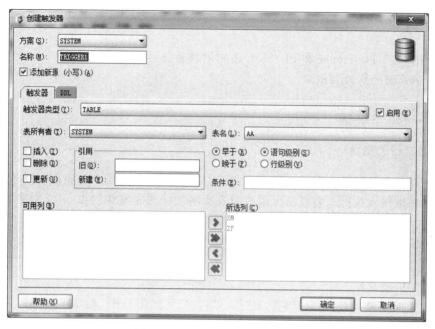

图 4.115 "创建触发器"对话框

中选择 student 表。在左边勾选"更新"复选框,在"所选列"中只留下 major,其他列全移到左边的"可用列"中,如图 4.116 所示。

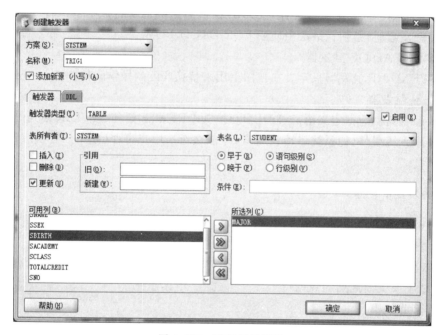

图 4.116 进行相关设置

(3)单击"确定"按钮,出现代码编辑窗口,在 BEGIN 和 END 之间写上相关代码,如图 4.117 所示。单击编译按钮,检查语法错误,当编译通过后,就完成了触发器的创

建。在"触发器"结点下就能看到刚创建的触发器名称 Trig1

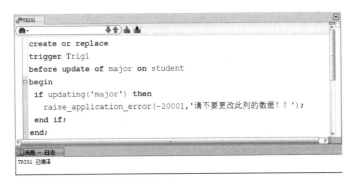

图 4.117　书写代码并编译

说明：RAISE_APPLICATION_ERROR 是将应用程序专有的错误从服务器端传达到客户端应用程序(其他机器上的 SQLPlus 或者其他前台开发语言)，此函数的语法格式为

```
RAISE_APPLICATION_ERROR(error_number_in IN NUMBER, error_msg_in IN VARCHAR2)
```

里面的错误代码和内容都是自定义的。说明是自定义，当然就不是系统中已经命名存在的错误类别了，只有属于一种自定义事务错误类型，才调用此函数。error_number_in 的值可以从 -20999 到 -20000，这样就不会与 Oracle 的任何错误代码发生冲突了。error_msg_in 的长度不能超过 2KB，否则截取 2KB。

下面对 student 表进行更新操作，输入以下代码：

```
UPDATE STUDENT SET MAJOR='网络工程'  WHERE SNO='160610101';
```

单击工具栏中的"运行脚本"按钮，因为对表 student 进行了 UPDATE 操作，激发触发器 Trig1 执行操作，所以在脚本输出窗格中显示了出错信息，更新操作不能完成，如图 4.118 所示。

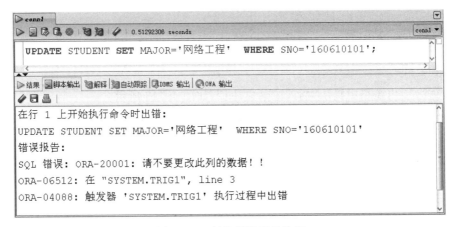

图 4.118　触发器被激发执行

2) 利用 PL/SQL 语句创建 DML 触发器和 INSTEAD OF 触发器

可以使用 CREATE TRIGGER 命令来创建触发器,其基本语法格式如下:

```
CREATE [OR REPLACE] TRIGGER [<用户方案名>.] <触发器名>
    { BEFORE|AFTER|INSTEAD OF }
    { DELETE | INSERT | UPDATE [ OF <列名> [,…n] ] }
        [OR { DELETE | INSERT | UPDATE [ OF <列名> [,…n] ]}]
    ON   {<表名>|<视图名>}
    [ FOR EACH ROW [ WHEN(<条件表达式>)] ]
    <PL/SQL语句块>
```

各参数功能如下。

触发器名:指定触发器名称。

BEFORE｜AFTER｜INSTEAD OF:指定触发器的触发时间。BEFORE 和 AFTER 分别表示在事件执行之前和之后执行触发器。INSTEAD OF 指定创建替代触发器,触发器事件不执行,而执行触发器本身的操作。

DELETE、INSERT、UPDATE:指定一个或多个触发事件,多个触发事件之间用 OR 连接。

OF <列名>:指出在哪些列上进行 UPDATE 触发。

<表名>｜<视图名>:对其执行触发器的表或视图。

FOR EACH ROW:使用此子句,指定为行级触发器,触发器将针对每行执行一次;未使用此子句,指定为语句级触发器,触发器激活后只执行一次。WHEN 子句用于指定触发条件。

【练 2】 为 course 表创建一个触发器 Trig2,当插入记录后,提示"插入记录成功!"

```
CREATE OR REPLACE TRIGGER Trig2
  AFTER  INSERT  ON  course
BEGIN
  DBMS_OUTPUT.PUT_LINE('插入记录成功!');
END;
```

若执行下列插入语句:

```
INSERT INTO course VALUES('060213','操作系统', '专业基础课',48,3, '1213');
```

则在 DBMS 输出窗格中提示"插入记录成功!",如图 4.119 所示。

【练 3】 为 score 表创建一个行级触发器 Trig3,用来对学生学号进行监视,只有当从 score 表中删除学号为 160610101 的记录时,才激发触发器执行。

```
CREATE OR REPLACE TRIGGER Trig3
  AFTER DELETE ON score
FOR EACH ROW WHEN(OLD.sno='160610101')
BEGIN
    DBMS_OUTPUT.PUT_LINE('1行已被成功删除!');
END;
```

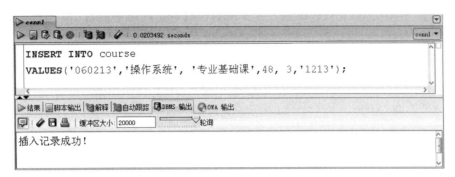

图 4.119 触发器被触发执行后的效果

此时,若执行以下删除语句:

DELETE FROM score WHERE sno='160610101';

则每删除与学号相同的一条记录,就会显示一次"1 行已成功删除!",删除其他学号的记录时,就不会激发执行,执行效果如图 4.120 所示。

图 4.120 行级触发器被激发执行

说明:为了能够比较修改前和修改后的数据,在触发器的可执行代码中,可以使用两个关联行——NEW 和 OLD。它们分别表示触发器被激发时,当前行的新数据和原数据。:NEW 和:OLD 也称为系统变量,由 Oracle 系统管理,存储在内存中,不允许用户直接对其进行修改。:NEW 和:OLD 变量的结构总是与执行 DML 操作的表的结构相同。当触发器工作完成以后,这两个变量也随之消失。这两个变量的值是只读的,即用户不能向这两个变量写入内容,但可以引用变量中的数据。

- :OLD 变量用于存储 DELETE 和 UPDATE 操作所影响的行的副本。当执行 DELETE 或 UPDATE 操作时,行从触发表中被删除,并传输到:OLD 变量中。
- :NEW 变量用于存储 INSERT 和 UPDATE 操作所影响的行的副本。当执行 INSERT 或 UPDATE 操作时,新行被同时添加到:NEW 变量和触发表中,:NEW 变量中的行即为触发表中新行的副本。

另外,需要注意,在触发器的可执行代码中,如果想通过 OLD 和 NEW 引用某个列的值,就要在前面加上":",在其他地方,则不能使用":"。

【**练 4**】 建立 INSTEAD OF 触发器 Trig4,当对 course 表中的 credit 列进行修改时,执行触发器中的语句,取代对 credit 列的修改,提示"禁止对学分进行修改!"。

因 INSTEAD OF 触发器是针对视图进行操作的,所以要先创建视图。

① 创建视图 cview,包含 course 表中的 credit 列的信息。

```
CREATE VIEW cview
AS
    SELECT credit
    FROM course;
```

② 创建 INSTEAD OF 触发器。

```
CREATE OR REPLACE TRIGGER Trig4
  INSTEAD OF UPDATE ON cview
BEGIN
  DBMS_OUTPUT.PUT_LINE('禁止对学分进行修改!');
END;
```

此时若通过视图 cview 对 credit 列进行 UPDATE 操作,就会被触发器中的语句替代执行,提示"禁止对学分进行修改!"的信息,如执行以下命令:

```
UPDATE  cview  SET  credit=8  WHERE  credit=2.5;
```

执行效果如图 4.121 所示。

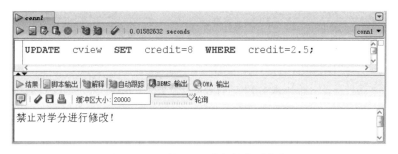

图 4.121 更新记录激发触发器执行

3) 创建系统触发器

Oracle 提供的系统触发器可以被数据定义语句(DDL)事件或数据库系统事件触发。DDL 事件指 CREATE、ALTER 和 DROP 等。而数据库系统事件包括数据库服务器的启动(STARTUP)或关闭(SHUTDOWN)、数据库服务器出错(SERVERERROR)等。创建系统触发器的命令语法格式为

```
CREATE OR REPLACE TRIGGER [<用户方案名>.] <触发器名>
{ BEFORE|AFTER }
{ <DDL 事件>|<数据库事件>}
ON { DATABASE|[用户方案名.] SCHEMA }[when_clause]
<PL/SQL 语句块>
```

部分参数功能如下。

DDL 事件：可以是一个或多个 DDL 事件，多个 DDL 事件之间用 OR 连接。DDL 事件包括 CREATE、ALTER、DROP、TRUNCATE、GRANT、REVOKE、LOGON、RENAME、COMMENT 等。

数据库事件：可以是一个或多个数据库事件，多个数据库事件之间用 OR 连接。数据库事件包括 STARTUP、SHUTDOWN、SERVERERROR 等。

DATABASE：数据库触发器，由数据库事件激发。

SCHEMA：用户触发器，由 DDL 事件激发。

【练 5】　创建一个用户事件触发器 Trig5，用来在用户删除对象之前记录有关信息到日志信息表 logtable 中。

① 创建日志信息表 logtable。

```
CREATE TABLE logtable
 (object_name  VARCHAR2(15),
  object_type  VARCHAR2(10),
  dropped_date  DATE);
```

② 创建用户事件触发器 Trig5。

```
CREATE OR REPLACE TRIGGER Trig5
BEFORE DROP ON SYSTEM.SCHEMA
BEGIN
  INSERT INTO logtable VALUES(ora_dict_obj_name,ora_dict_obj_type,SYSDATE);
END;
```

上述代码中的 ora_dict_obj_name 用于返回 DDL 操作对应的数据库对象名，ora_dict_obj_type 用于返回 DDL 操作对应的数据库对象类型，SYSDATE 用于返回系统的当前日期。

③ 删除数据表 table1。

```
DROP TABLE table1;
```

④ 查询日志信息表 logtable，执行效果如图 4.122 所示。

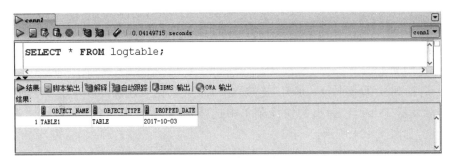

图 4.122　查询日志信息表

3. 触发器的修改

若要对创建的触发器进行修改,可以利用 SQL Developer 来完成,也可以利用 PL/SQL 语句来完成。

1)使用 SQL Developer 修改触发器

【练 6】 修改触发器 Trig1,当对 student 表的 totalcredit 列进行更新前,触发显示"请不要更改此列的数据!!"。

操作步骤如下。

(1)启动 SQL Developer,展开"连接"结点下的数据库连接 conn1,展开"触发器"结点,右击触发器 Trig1,在弹出的快捷菜单中选择"编辑"命令,会弹出触发器代码编辑窗口。

(2)在编辑窗口中,将 major 改成 totalcredit,单击工具栏中的"编译"按钮,完成触发器的修改,如图 4.123 所示。

图 4.123　修改触发器

2)使用 PL/SQL 语句修改触发器

使用 OR REPLACE 关键字可以修改触发器,其实就是创建一个新的触发器覆盖原有的触发器,从而实现对触发器的修改,使用方法可以参考前面讲过的创建触发器的语法。

4. 触发器的删除

要删除触发器,可以利用 SQL Developer 来完成,也可以利用 PL/SQL 语句来完成。

1)使用 SQL Developer 删除触发器

【练 7】 删除触发器 Trig1。

操作步骤如下。

(1)启动 SQL Developer,展开"连接"结点下的数据库连接 conn1,展开"触发器"结点,右击触发器 Trig1,在弹出的快捷菜单中选择"删除触发器"命令,会弹出"删除触发器"对话框,如图 4.124 所示。

(2)单击"应用"按钮,就完成了触发器的删除。

2)使用 PL/SQL 语句删除触发器

可以使用 DROP　TRIGGER 语句删除触发器。其语法格式如下。

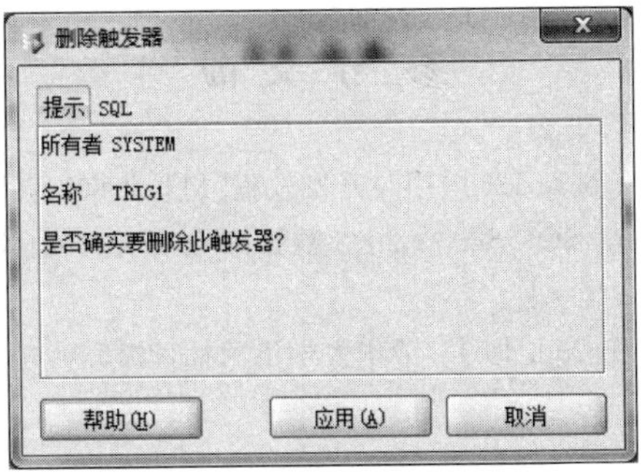

图 4.124　"删除触发器"对话框

```
DROP  TRIGGER [用户方案名.]<触发器名>;
```

【练 8】　删除触发器 Trig2。

```
DROP  TRIGGER  Trig2;
```

参 考 文 献

［1］ 姚瑶,苏玉,等.Oracle Database 12c 应用与开发教程[M].北京:清华大学出版社,2016.

［2］ 姜桂洪,张龙波,张冬梅,等.SQL Server 2005 数据库应用与开发[M].2 版.北京:清华大学出版社,2014.

［3］ 赵明渊.Oralce 数据库教程[M].北京:清华大学出版社,2015.